건축디자인 전문가
양재희박사가 알려주는

아이코닉 건축

아이코닉 건축은 특정 장소나 문화를 상징하는 건축물로, 독특한 외관이나 역사적 의미 등으로 인해 전 세계적으로 널리 알려져 있다.

양재희 지음

행복예감

Prologue
아이코닉 건축의 꼬리 물기

인류가 진화해 오면서 시대적 발달의 근거를 건축이란 창작물에서 찾아볼 수 있다. 건축은 인간이 창조한 다양한 산물 중에서 시대의 변화와 흐름을 담아 놓았다. 아이코닉 건축은 도시의 스카이라인에서 부조화를 뛰어넘는다. 인간의 무한한 도전에 대한 살아있는 건축적 표현은 성취 한계를 끊임없이 초월하려는 상징적 표상이다. 도시는 건축을 통해 지속적인 변화를 거듭하며 정체성을 형성한다. 아이코닉 건축은 쉽게 알아볼 수 있고 주변 건축 환경과 달리 경외감을 불러일으켜 대중의 마음을 사로잡는다.

Iconic이란 영어 단어는 '상징적인'이라는 형용사로 사용한다. 상징적인 의미는 건축에만 극한 하지 않고 인간의 상호작용과 연관된 다양한 사물에 기호적으로 표현되어 있다. 아이코닉 건축(Iconic Architecture)은 독특한 공간의 볼륨을 형성한다. '아이코닉 건축' 즉 어떤 형상으로 탁월하게 드러나도록 만들어진 건축에 대한 인식적 이해가 필요하다.

우리가 만난 아이코닉 건축은 건축가의 일반적인 작업을 초월하여 스토리텔링이 되며 먼저 외형에서 직관적으로 느낄 수 있는 특색이 있다. 건축가가 추구한 공학과 예술이 융합된 아이코닉 건축은 상상력 깊이 비전을 드러낸다. 자연이 생성하는 빛과 바람, 온도, 물의 영향에 대해 최적화하고 주변에서 쉽게 구할 수 있는 흙, 석재, 원목 등 최소한의 가공을 거친 천연 소재를 통해 지역적 특색이 나타났다. 산업혁명의 기술적 진보로 생산한 재료를 선택하여 형태와 기능의 융합, 환경과의 조화 등 지속 가능한 아이코닉 건축을 정의하며 그 특성을 탐구할 것이다.

아이코닉 건축의 역사적 뿌리가 현대 사회에서 문화적 자부심과 상징적 가치를 어떻게 구현하는지 목격하게 된다. 곧 건축은 도시를 발달시키고 미래 사회로 향한 방향을 제시하며 국가 및 다음 세대에 미칠 영향에 대해 고려하게 된다.

아이코닉 건축의 경이로운 숨은 이야기를 파헤치며 부분적으로는 세계 유명 도시의 이미지와 정체성 변화에 성공한 도시 유형을 알게 된다. 인류는 지구상에서 세계 시민으로 연결되어 있다는 것을 감지하게 될 것이다. 새로운 재료 유리, 강철, 콘크리트의 발명은 인간의 욕망을 더욱 드높였다. 하늘을 닿을 듯한 초고층 빌딩, 사회적 서비스를 제공하는 퍼블릭 빌딩, 인류의 슬픔과 역사적 사실을 기억하는 기념비적 건축, 아름다운 문화와 유산을 간직한 뮤지엄 건축, 생태계를 보호 및 재생에너지 사용 등 건물의 수명 주기 동안 인간 환경에 영향을 고려한 지속 가능한 건축, 세계적 규모의 스포츠와 산업의 발전상을 공유하는 메가 이벤트 건축을 장르로 구분하여 일련의 이야기를 전달한다.

도시가 현대적으로 진화함에 따라 상징적인 구조물은 도시의 성장과 발전을 안내하는 랜드마크 역할을 한다. 아이코닉 건축은 주목받는 명소로 간주 되어 그 지역을 대표하는 유용한 지표가 된다. 집단 기억에 새겨지고 공동의 목표나 관심을 가진 커뮤니티를 연결한다. 건축의 영향력은 시간을 초월하여 과거, 현재, 그리고 아직 오지 않은 미래 세대에게 전달된다.

아이코닉 건축의 매혹적인 세계로 꿈과 희망을 담은 책 속의 여정을 떠나보길 바란다. 이 책에서 펼쳐질 신기로운 이야기에 마음을 빼앗겨 보자. 셀 수 없이 많은 건축 중에서 선별하기란 매우 어려운 선택이었다. 장르를 구분하기에는 경계가 모호한 부분도 있었다. 인간과 자연 그리고 건축이 유기적인 관계에 놓여 있기에 장르를 유연하게 넘나들며 소통하길 바란다. 인간은 다양한 시도를 하며 관심을 유발하고 인정받기를 바란다. 그것이 아이코닉 건축에 강하게 비추어 나타났다.

주목할 만한 도시의 현대 건축 중에서 일부 걸작을 소개하고자 한다. 인류가 살아가는 도시와 조화를 이루며 미래에 영감을 주는 아름다움과 잠재성을 목격하게 될 것이다. 아이코닉 건축은 변화의 촉매제가 된다. 현대 도시 구조와 삶의 방식에 영향을 미쳐 우리가 살아가고 일하는 주변 환경과 어떻게 상호작용하며 유익을 주는지 보여주게 된다.

훌륭한 건축가의 건축적 깊이가 주는 미학적 아이코닉 건축의 심오함을 찾아내는 혜안이 열릴 것이다. 건축 환경에 우리는 늘 가깝게 접하고 있지만 건축의 위대함과 영향력에 대해 깊이 파헤치거나 알아보고자 하지 않는다. 이제 여행지에서 보았던 그 특별했던 건축을 기억하며 의미를 되새길 것이다. 인간이 만들어 놓은 창조물이 믿어지지 않을 만큼 기이한 현상도 발견하게 된다. 현대 건축에서 특히 아이코닉 건축으로 상징성이 강한 인상을 남기는 건축을 만나보자.

건축은 스스로 존재하는 것 같이 보이나 보이지 않는 수많은 수고와 시간을 녹여냈다. 세상에 단 하나 독특한 형태를 지닌 아이코닉 건축을 세상에 선보이기 위해 거친 간 기술력과 인력의 숭고한 손길에 고마움을 전하고 싶다. 조금 더 자세히 꼬리에 꼬리를 물어보면 아이코닉 건축은 우리 삶에 필연적으로 존재해야 하는 이유를 깨닫게 된다. 아이코닉 건축은 인간의 삶을 선도하는 상징적 중요 가치가 있다. 전 세계가 하나의 지구 플랫폼에서 아이콘 세우기 게임을 하듯 도시의 역사와 문화를 따라 지속적인 꼬리 물기를 해나가게 될 것이다.

지은이 양재희

목 차

제2장 퍼블릭 빌딩

제1장
초고층 빌딩

01 시카고 : 마리나 시티

화마가 휩쓸어 버린 도시 시카고

세계의 도시들은 건축을 통해 미래를 예측한다. 현대 건축 중에서 초고층 빌딩의 건설은 시카고에서 시작했다. 1871년 10월 8일 미국 일리노이주 시카고에서 원인을 알 수 없는 대형 화재가 일어나 300여 명이 사망하고 10만 명 이상의 이재민이 발생했다. 화재는 3일 동안 도시 중심 지역의 9㎢ 정도를 무섭게 태웠고 화재 인근 지역에도 크나큰 피해를 냈다. 화재 피해가 컸던 핵심적인 이유 중 하나는 시카고는 대부분이 경골구조(Balloon frame) 건물과 도로와 보도, 시설물의 주재료가 대부분 목조를 사용했기 때문이다. 건조한 날씨가 이어졌고 바람도 강하게 불어 화재의 피해는 더욱 컸다.

1871년 시카고 대화재

도시를 삼킨 대화재의 영향에도 불구하고 시카고가 현대 건축의 독특한 아이콘으로 탈바꿈하는 토대를 마련한 도시 역사의 중추적인 사건으로 판단됐다. 도시의 상당 부분을 전소시켰던 화재 이후 시카고는 현대 건축의 원칙을 통합하여 처음부터 다시 구상하고 재건하는 계기가 됐다.

시카고 정부는 매우 신속하게 대응하여 대대적인 재건 작업을 펼쳤다. 극심한 피해 복구를 위해 시민들도 힘을 합쳤고 유명 건축가들도 시카고로 모여들며 활약했다. 최악의 재난으로 폐허가 된 도시를 빠르게 재건하기 위해서는 높은 건물을 짓는 것을 대안으로 삼았다. 이는 이전과 전혀 다른 도시로 변모하는 도시 계획의 중점 사항이었으며 다양한 건축들이 세워지며 도시는 빠르게 발전했다.

당시에는 10층만 넘어도 초고층 빌딩이라고 불렀다. 시카고에 존재했던 세계 최초의 초고층 빌딩으로 여겼던 홈 인슈어런스 빌딩(Home Insurance Building, 1885)은 건축가 윌리엄 르바론 제니(William LeBaron Jenny 1832~1987)가 설계했다. 홈 인슈어런스 빌딩은 1885년에 완공되어 1931년 철거될 때까지 시카고의 초고층 빌딩으로 존재했다. 준공 당시에는 10층이었으나 1891년에 증축하여 12층(54.9m)으로 늘어났다. 화재 이후 도시를 재건되면서 불연성 강철 프레임 석조 구조물로 등장했다.

홈 인슈어런스 빌딩, 1885

목재를 배제하고 철과 석재를 결합한 신건축공법을 적용한 근대 건축의 아이콘으로 역사의 기록에 올려져 있다. 1985년 건립 100주년을 맞아 철골로 뼈대를 세워 10층까지 올린 다층 건물로 최초의 마천루 지위를 승인받았다. 현재, 홈 인슈어런스 빌딩이 있던 자리에는 당시 미국에서 유일한 사무실 초고층 빌딩으로 지어진 필드 빌딩(The Field building 1934)이 자리하고 있으며 이 건축은 1994년 미국 랜드마크로 지정됐다. 홈 인슈어런스 빌딩과 같이 선례적 모티브를 제공한 아이코닉 건축은 철골구조와 석재공법을 선보였다. 근대 건축의 미학을 확립하며 초고층 빌딩 붐을 일으키는 토대가 됐다. 드디어 인류는 현대건축의 마천루 시대를 예고했다.

엘리베이터를 시연하는 오티스

마천루의 역사를 제공한 홈 인슈어런스 빌딩은 산업화에 따른 자재들을 접목한 제니의 건축을 세상에 알리는 계기가 됐다. 구조 공학자이며 건축가인 제니는 조적식 구조의 전통적인 방법을 배제하고 가볍고 큰 하중에도 견딜 수 있는 철골구조를 창안했다. 넓은 공간의 효율성을 높이고 폭넓은 유리창으로 개구부의 효과를 증대하는 방법을 고안해 건축가들에게 영향을 미쳤다. 철골구조, 커튼월 방식, 승객용 엘리베이터 설치, 포틀랜드 시멘트 등 신재료와 과학적 건축 양식, 기능적 구조에 관점을 둔 19세기 건축가들을 통칭하여 시카고학파(Chicago School)라 한다.

시카고 건축가들은 당시 시대 상황에서 짧은 기간 내에 높은 건물을 가능하게 하는 합리적이고 기능적인 새로운 기술을 바탕으로 건축의 미학을 창출하며 도시 발전에 앞장서는 역할을 했다. 초고층 빌딩의 출현은 건축사에 대단한 변화였다. 시카고는 재건 작업을 진행하면서 인구가 두 배로 늘어나는 초고층 빌딩의 대도시로 획기적인 변화를 이루었다. 현대 마천루의 출발지가 된 시카고는 대화재 재앙은 흔적조차 사라지고 호화로운 마천루 천국의 도시가 됐다.

마천루의 도시 시카고

아이코닉 건축은 역사적으로 돌이켜보면 종교, 재해, 사고, 전염병, 전쟁, 산업의 쇠퇴 등 시대적 상황을 극복하며 더욱 색다른 도시의 미래를 향해 나아가는 대응 과정에서 건축에 반영된 것을 알 수 있다. 인류가 발견한 문명의 본질을 통해 물질적 실체를 창작하는 건축가의 탁월한 능력을 발휘해 아이코닉 건축은 탄생했다.

도시 재건은 건축가들의 새로운 기회

황폐해진 시카고를 살리기 위해서 도시 재건이 절박했다. 도시의 재건은 건축가들에게 새로운 기회로 다가왔다. 시카고학파의 핵심 건축가로 활약하던 보스턴 출생 루이스 헨리 설리번(Louis H. Sullivan, 1856~1924)은 용도에 따라 건축의 기능이 달라지는 유기체적인 건축 스타일을 추구하며 근대 건축의 중심축에서 활약했다. 고전적인 이념에서 벗어나 "형태는 기능을 따른다(Form Follows Function)"라는 혁신적인 철학적 디자인 관점을 정의했다.

경제적이고 효율성 높은 실용적인 구조의 기능과 과도한 장식을 피하고 단순하게 표현하는 수직적 고층 건물을 강조했다. 당 시대 상업 및 산업이 부활하여 업무를 재개할 수 있는 도시의 기능을 찾으려는 대안에서 미적으로 아름다울 뿐만 아니라 합리적이고 기능적인 디자인을 우선시하는 형태를 제안했다. 설리번의 건축에서는 기능은 단순히 건축물 자체에만 두지 않고 사회와 유기적인 관계를 건축적 역할이 포함하고 있어 도시 환경을 개선하는 의미가 있다.

"형태는 기능을 따른다(Form Follows Function)."
- 루이스 설리번 -

루이스 설리번의 철학은 모더니즘 건축의 기본 원칙이 되었으며, 그를 따르는 여러 세대의 건축가들에게 영향을 미쳤다. 설리번의 실습생으로 일했던 Frank Lloyd Wright와 같은 건축가는 그의 건축적 사상에 깊은 영향을 받았다.

루이스 설리번은 1889년 오리토리움 빌딩(Auditorium Building)을 통해 다양한 기능적 건축 철학이 담긴 예술적 스타일의 혼합을 보여주는 중요한 건축적 성과를 거뒀다. 4,200석의 극장과 호텔, 레스토랑, 오락 시설, 사무실, 전망대까지 있는 17층 규모의 다기능 디자인은 시대를 앞서가는 설리번의 의지가 깃들어 있다. 당시 유행하던 양식을 세련되게 결합한 외관과 화려한 장식으로 디자인된 내부는 기능적 건축 철학이 담긴 대표적인 건축이다. 당시 사회 문화적으로 가장 큰 충격을 던진 최고의 아이코닉 건축을 등장시켰으며 "형태는 기능을 따른다."라는 디자인 개념으로 인식시켰다. 20세기 초 대담한 공간을 창조하는 건축 양식을 구현하며 건축 사조의 변천 과정 중 하나의 디딤돌이 됐다.

오라토리움 빌딩, 1889

웨인라이트 빌딩(Wainwright Building)은 설리번의 건축적 디자인 철학의 상징성을 보여주는 전형적인 예이다. 초고층 아이코닉 건축의 기능적인 단순한 수직구조와 자연의 유기적 조형미를 융합한 웨인라이트 빌딩은 설리번의 중심 설계 디자인 원칙 중 통일성을 강조했다.

수직적 독창성은 높이에 대한 인식을 증폭시키기 위한 초고층 건물 미학의 새로운 표준을 설정했다. 웨인라이트 빌딩은 강철을 사용하여 기초를 세우고 건축 형태의 구조를 완성했다. 자연을 모방한 화려한 프리즈 장식은 그 시대 유행하는 건축자재 테라코타의 다용성을 활용하여 건축 외관의 개성을 더해 주는 아르누보 디자인의 우아함이 깃들어 있다.

웨인라이트 빌딩, 1981 © w_lemay/Wikimedia

개런티 빌딩, 1896,

뉴욕주 버펄로에 자리하고 있는 개런티 빌딩(Guaranty Building, 1896)은 시카고학파 건축 양식의 대표적인 사례이다. 앞서 소개한 웨인라이트 빌딩과 같이 이 아이코닉 건축은 '형태는 기능을 따른다'라는 설리번의 건축적 사상에 기초한 건축 스타일의 진수를 보여주고 있다. 특히 건물 외관의 풍부한 테라코타 장식 요소가 특징이다. 내구성이 뛰어난 점토의 일종인 테라코타 소재가 압축된 꽃무늬 외관을 장식하여 복잡하고 예술적인 느낌을 더해 준다.

기본 철골 구조 덕분에 크고 견고한 수직적 초고층 빌딩을 건설할 수 있었다. 테라코타 외관, 복잡한 장식, 강철 프레임 구조는 초고층 빌딩의 시초를 제시한 보존적 건축물로 존중받았다. 건물의 노후화와 엄청난 화재 등 여러 가지 난관에도 불구하고 미국 역사 랜드마크로 지정됐다. 여러 차례 복원 과정을 거쳐 초고층 보존의 상징적 지위를 유지하고 있다.

시카고 플랜(Chicago Plan)

19세기 말 시카고의 발전은 자본주의적 이익에 편향되는 영향을 받았다. 주로 이익 창출과 경제 성장에 중점을 두었다. 단기적인 경제적 초점은 문화적 환경과 주민의 복지에 대한 결핍이 생기는 결과를 낳았다. 도시의 급속한 성장은 인구 과밀, 환경 오염, 인프라 부족, 사회적 불평등이 발생했고 무분별한 다양한 도시 문제가 야기됐다. 산만하고 무분별한 도시의 결여 문제가 포착된 시점에서 커머셜 클럽 리더들과 도시 계획가들은 '1909 시카고 플랜(1909 Plan of Chicago)'을 세웠다. 일명 번함 플랜(Burnham Plan) 이라고 한다.

밀레니엄 파크 : 2000년 밀레니엄 시대를 기념해 만든 공공 공원, 2006

다니엘 번함(Daniel Burnham)은 공식적으로 1893년 콜롬비아 박람회로 알려진 시카고 만국박람회를 기획하고 감독하는 중요한 역할을 했다. 신고전주의 건축물, 아름다운 조경, 조각품, 잘 디자인된 공공 공간이 어우

러진 이상적인 '화이트 시티'를 선보였다. 이러한 경험이 있는 다니엘 번함은 원대한 꿈을 꾸는 도시를 계획했다. 도시 계획가이며 건축가 번함은 '1909 시카고 플랜'을 광대하고 장기적 목표를 세워 현실 가능함을 제시했다. 일반적으로 시카고를 더욱 아름답고 효율적이며 살기 좋은 도시로 변화시키는 것을 목표로 했다. 계획의 주요 구성 요소에는 도시의 교통 시스템, 공원 및 녹지 공간 개선, 호숫가 개발, 도시 미화 등이 포함됐다. 번함 계획은 경제 성장과 주민의 복지를 모두 고려하여 도시 개발에 대한 보다 균형 잡힌 접근 방식을 구상했다. 계획의 모든 측면이 완전히 실행된 것은 아니었지만, 이는 20세기 전반에 걸쳐 시카고의 많은 도시 개발 프로젝트와 정책의 토대를 마련했다.

세계 경제 중심의 하나인 시카고는 미시간호(Lake Michigan)가 긴 해안선을 따라 유명한 마천루가 자연과 조화를 이루며 어우러져 있다. 다운타운에 인접한 밀레니엄 파크(Millennium Park)는 색다른 볼거리와 분수, 조각, 정원 등 자연 친화적인 도시와 동화하고 있다.

크라운 분수, 2004

클라우드 게이트, 2006

시카고는 철골구조 마천루의 유행을 전파하였고 도시 미화 운동의 출발지로 도시계획의 거대한 틀을 제시하며 현대 모더니즘 건축의 태동이 일어났다. 시카고는 미국 3대 도시의 하나이다. 문화적으로 결핍했던 시카고는 어느새 풍요로움으로 가득 차 있다. 시카고 강을 따라 독특한 아이코닉 건축을 흥미롭게 감상하며 멋진 도시를 선상에서 즐길 수 있다. 시카고의 유명 건축물은 관광산업 분야에 상당한 역할을 했다. 건축물 투어를 진행할 정도로 빌딩 숲을 이루는 관광의 명소로 만들었다. 관광객들이 도시의 아이코닉 건축을 방문하고 역사적 랜드마크를 찾는 도시의 중요한 산업이 됐다.

시카고의 스카이라인은 실제로 건물의 숲으로 유명하며 건축학적 중요성의 상당 부분은 루이스 설리번(Louis Sullivan)과 다니엘 번함(Daniel Burnham)과 같은 건축가의 야심에 찬 비전에 힘입은 바가 크다. 도시 발전에 대한 당대 유명 건축가들의 공헌은 도시 경관에 다양한 마천루 흔적을 남겼으며 그 맥을 오늘날까지 이어가고 있다.

독특하고 협력적인 건축 디자인에 대한 시카고의 의지는 스카이라인에서 분명하게 드러난다. 이 도시는 혁신을 수용하고 건축 창의성의 한계를 초월하는 풍부한 전통을 가지고 있다. 독특하고 상징적인 건축물에 대한 심사숙고한 건설은 시카고가 북미 건축의 우수한 중심지라는 명성을 확고히 하게 됐다.

윌리스 타워(이전 시어스 타워), 존 핸콕 센터, 밀레니엄 파크의 클라우드 게이트 조각품 등 시카고의 많은 아이코닉 건축과 랜드마크는 건축적 다양성과 혁신에 대한 결실이다. 이러한 구조는 계속해서 건축가와 방문객 모두에게 영감을 주고 있으며 글로벌 건축 강국으로서 시카고의 위상에 기여하고 있다.

도시 속에 도시 옥수수 쌍둥이 빌딩

마리나 시티

시카고는 계획된 건축의 도시로 태어났다. 아이코닉 건축은 사람의 마음을 끌어들이는 매력적인 건축이다. 미국 동부 일리노이주에서 가장 큰 도시인 시카고는 빌딩 자체만으로 관광객이 찾아오는 도시이다. 시카고의 중심부인 루프 지역에 도시 안에 도시가 만들어졌다. 마리나 시티(Marina city)는 백인 이주 현상과 관련지어 외지에 사는 중산층을 다시 도시로 유입하기 위한 목적이 있었다. 1945~1959년 당시에는 주택지가 도시 외곽에 형성되었고 단독주택 유형이었다. 시카고 시내는 평일 낮에는 직장인들이 붐비지만, 밤과 주말에는 한적한 공간으로 변하는 경우가 많다. 마리나 시티 프로젝트는 직장 인근에 편리한 생활공간을 제공하여 수도권에 현대적 삶의 모범을 보여줌으로써 이러한 격차를 해소하고자 했다. 어떻게 현대적인 편의시설을 도시에 도입하여 중앙 비즈니스 지구의 활력을 높일 수 있는지 보여주었다.

1968년 마리나 시티 원통형 쌍둥이 빌딩(Corn Type Chicago Twin Building Marina City)이 시카고 강변에 아이코닉 건축으로 등장했다. 형태적 특징은 옥수수 모양을 닮은 유사적인 아이코닉 건축이다. 주거용 아파트와 주차장, 식당, 쇼핑센터, 사무실, 은행, 극장, 스포츠 시설 등이 복합적으로 갖추어 독립된 도시 거주지 역할을 했기 때문에 도시 안에 도시 기능이 있어 시티(City) 라고 이름이 붙여졌다. 마리나 시티는 주상복합단지를 조성해 도시인의 새로운 삶의 방식에 대한 비전을 제시했다. 주거 환경이 사람들의 삶의 질에 미치는 중대한 영향을 인식한 이 프로젝트는 현대인에게 생활의 편리함이 복합적으로 가능한 라이프 스타일 주거문화를 선보였다. 1960년대 중반 마리나 시티는 도시 주거 형태 개념을 과감하게 도입하여 현대 도시 생활의 경계를 넓혔다.

완공 당시 마리나 시티 원통형 쌍둥이 빌딩

마리나 시티는 버트랜드 골드버그(Bertrand Goldberg 1913~1997)의 설계로 미국에서 처음으로 주거용 고층 건물을 시도한 프로젝트이다. 시카고 강과 경계를 이루며 주차장과 미사용 철로 부지를 발견하면서 마리나 시티 부지가 거론되었다. 시카고 시내 중심부 해안가에 주거생활의 기회를 제공했다. 총면적은 약 135,000ft^2 에 달하는 면적이다. 건물 서비스 직원 국제연합회(BSEIU; Building Service Employees International Union) 회장을 역임한 윌리엄 레인 맥페트리지(William L. Mcfetridge)는 마리나 시티 개발에 핵심적인 역할을 했다. 1959년 12월 철로 부지 계약을 체결하고 인근 부지에 대한 매입 계약을 했다.

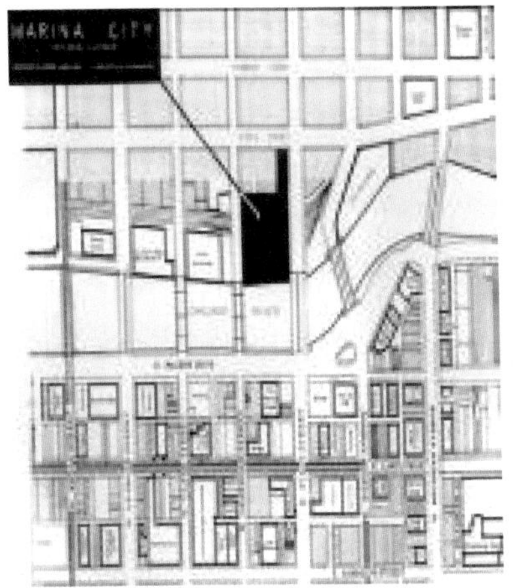

Chicago Loop Marina City 부지, 1959

Chicago Loop Marina City, 2023

마리나 시티(Marina city)는 1968년 완공 당시 세계에서 가장 높은 철근콘크리트 구조 주상복합 빌딩이었다. 높이는 179m(587ft)이며 두 개의 상징적인 원통형 타워는 총 65층으로 구성됐다. 건물의 1층부터 19층까지 주차장 전용으로 매우 독특한 특징을 가지고 있다. 이 디자인은 주민들이 출퇴근할 때 건물에 차를 두고 대중교통을 이용하도록 장려하기 위함이었다. 20층 동쪽 타워는 세탁실, 회의실, 보관실 등 다양한 편의시설이 마련되어 있다. 서쪽 타워에는 피트니스가 있어 주민들에게 운동하고 활동적인 생활을 즐길 수 있는 공간을 제공했다. 21층부터 60층 사무실 공간과 아파트가 혼합되어 있다. 마리나 시티 61층은 전망대가 있어 주민과 방문객이 도시와 주변 지역의 전망을 즐길 수 있다. 62층~64층까지의 최상층은 펜트하우스 층으로 지정되어 차별화된 공간이며 우수한 전망을 갖춘 고급스러운 생활공간이다. 지하 1층은 상업 시설이 구성돼 있다.

둥글고 길며 알맹이가 빠진 옥수수 속대를 닮아 '옥수수 빌딩'이라는 별명을 가지고 있다. 기묘한 두 개의 원통형 빌딩은 대각선으로 배열해 있어 시각적 전달력이 뛰어난 형상의 아이코닉 건축이다.

옥수수를 모티브로 한 건물

스릴 넘치는 곡선형 개방 주차장

둥글게 뚫려있는 특색있는 노출 주차장 가장자리를 따라 후면 주차해 있는 자동차의 주차 모습은 관광객들의 시선을 사로잡는다. 일반적으로 접할 수 있는 구조가 아니라 아슬아슬한 색다른 볼거리로 놀라운 경험을 제공한다. 마리나 시티는 20세기 중반에 지은 건물이지만 현대 도시인의 라이프 스타일 취향에 맞게 다양한 편의시설과 여가 시설을 일상에서 즐길 수 있는 주상복합 문화를 조성했다. 입주민들은 주변 해안가나 도시 경관과 같은 아름다운 전망에 매료된다. 19층까지 확장되어 있어 편리하게 주차가 가능한 점도 입주민들의 마음을 사로잡았다. 모터보트 선착장이 있어 수상 여가 활동을 즐기는 입주민들에게는 보트 소유도 가능한 좋은 여건이 갖춰진 셈이다. 입주민들은 비교적 저렴한 비용의 입지적 조건을 보고 거주 생활의 전환을 선택하게 됐다.

개방형 곡선형 주차장 디자인

19층으로 구성된 주차장은 임대로 운영한다. 공간의 경계가 없는 나선형 경사로를 이용한 주차 공간은 차량 896대를 주차할 수 있다. 차량이 몰리는 피크타임에는 최대 100대까지 대기할 수 있는 공간이 있다. 편의와 원활한 주차를 위해 발레파킹으로 운영되며 안내원이 빠르게 이동할 수 있도록 맨 리프트를 설치했다. 도시인은 대부분 자신의 차량을 가지고 있다. 마리나 시티는 인구를 유입하기 위해서 주차 문제를 프로젝트의 성공 요인으로 보았다. 각 층당 32대의 차량이 후진 주차할 수 있는 마리나 시티 주차장은 호기심의 눈으로 바라보게 된다. 건물 전체적인 아름다움과 더불어 하단부 나선형의 유기적이고 곡선적 주차장에 주차된 자동차와의 조화는 마리나 시티 아이코닉 건축의 디자인적 요소를 더해 주는 예술적 연출이다.

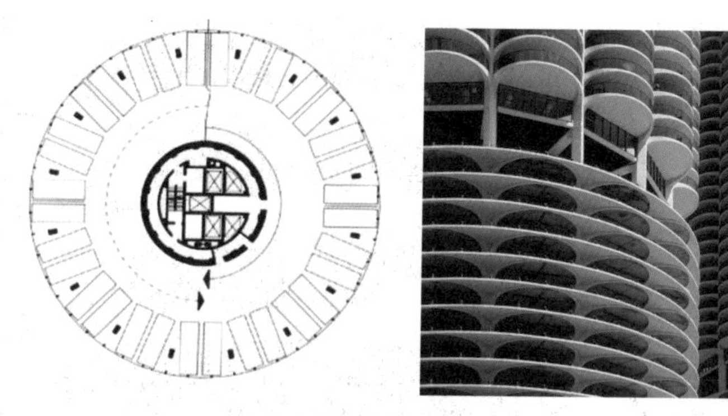

층당 차량 32대 주차 가능

해바라기꽃 잎 위에 집

버트랜드 골드버그(Bertrand Goldberg)는 모더니즘 근대 건축의 반듯한 구조에 대한 고정관념의 틀을 벗어나 자신만의 건축적 스타일을 추구했다. 마리나 시티는 꽃잎 모양의 곡선이 연속적으로 반복됐다. 세대마다 꽃잎이 활짝 핀 캔틸레버 원형 발코니에 있으면 휴가지에 와있는 리조트 같은 느낌을 준다. 마리나 시티는 주거 공간의 테라스 하우스의 원조가 됐다. 각 세대 전용 곡선형 발코니는 자연과 호흡하는 마당과 같은 야외 공간을 의미하며 상징적 곡률 형태적 외관을 구성했다. 구조 전체에 노출 콘크리트로 마감해 단일한 외적 디자인은 당시 매우 혁신적이었으며 비용면에서 효율적이었다.

마리나 시티는 활짝 핀 꽃을 연상하는 디자인과 다채로운 시설을 겸비한 실용적인 공간 구성으로 서민들과 중산층을 위한 아파트로 인기가 매우 높았다. 마리나 시티는 건설 중에 입주가 시작됐다. 1962년 10월 14일 동쪽 타워에 첫 세입자가 입주했다. 서쪽 타워에서는 1963년 1월 12일부터 입주하기 시작했다.

마리나 시티 발코니

비슷한 시기에 국내 최초의 복합형 마포아파트 단지가 건설되어 생활 혁명을 상징했다. 마포 1차 아파트의 초기 계획에는 10층 높이의 중앙난방 기름보일러와 엘리베이터를 설치하는 것이 포함했다. 그러나 이 계획은 예산 제약과 기술 전문성 부족으로 인해 6층으로 변경되어야 했다. 결국, 연탄보일러 개별난방 시스템과 엘리베이터가 없는 구조로 조정됐다. 단지 개발은 미국 해외 지원 기구를 포함한 조직의 반대와 국내에서도 비판이 우세 했다. 외부 요인의 부정적인 견해는 단지 개발에 대한 프로젝트를 더욱 복잡하게 했다.

1962년 1차 마포아파트가 준공됐다. 규모는 6개 동의 Y자형 건물로 450개 가구를 구성했다. 이어서 1964년 2차 마포아파트가 준공됐다. 이 단계에서는 ㅡ자형 건물 4개 동 192가구를 수용했다. 당시 고급 아파트 단지로 평가받았으나 주민 유치에 어려움을 겪었다. 낮은 분양률은 엘리베이터 부재, 난방 시스템 제한 또는 단지에 대한 잠재적인 주민들이 아파트에 대해 갖는 선입견과 기타 우려일 수도 있었다.

마포 아파트, 1962

한국 정서상 김장독을 묻는 마당이 있는 주택 문화에서는 더욱 고층 아파트 자체가 낯설어 대중적인 주거 옵션이 아니었다. 마포아파트는 한국의 고층 아파트 생활에 대한 인식의 변화가 오는 역할을 했다. 드라마, 영화 등 다양한 매체를 통해 전략적으로 아파트 이미지를 홍보했다. 마포아파트는 서양 주거 양식의 장점과 현대화된 고급 아파트 생활 수준과 부의 상징으로 묘사하며 등장시켰다. 한국의 고층 아파트 문화는 전통적인 주택 문화보다 라이프 스타일에 상당한 변화가 일어났다.

한국은 '아파트 천국'이라 불린다. 이는 한국에서 주택 옵션 중 아파트가 높은 비중임을 의미하고 있다. 시카고 도시 안의 도시 마리나 시티와 서울 근대화의 상징 마포아파트를 비교해 보며 20세기 중반 동시대적 문화와 생활상을 비추어 보았다. 주택 선호도의 변화를 동반한 도시화와 현대화는 해운대 두산 위브 더 제니스와 같은 광범위한 미래 초고층 주거의 확장을 암시했다.

해운대 두산 위브 더 제니스 101동(301m) © amanderson2/Wikimedia

마리나 시티는 원통형으로 보이지만 건축가 버트랜드 골드버그는 거대한 해바라기 조직에서 영감을 얻었다. 건물의 코어는 꽃의 중심을 의미하고 건물의 각 베이는 꽃잎의 모양과 닮았다. 단순한 구조의 원통형 이미지는 해바라기꽃을 상징하는 도상적 아이코닉 건축이다. 드레스룸과 욕실을 코어에서 가장 가깝게 배치하여 공간의 효율성을 높였다. 다음은 부엌이 있고 활동이 많고 빛과 개방감이 필요한 공간은 점점 발코니 가까이에 배치했다.

1962년 마리나 시티는 미완공인 상태에도 세계에서 가장 높은 아파트라는 이슈로 세계의 관심을 모았다. 수많은 화보, 영화, 광고 등에 등장하며 단순성을 뛰어넘은 유기적인 건축 구조의 아이코닉 건축이 됐다. 매스컴은 건축가 버트랜드 골드버그의 이름을 거론하며 65층 발코니가 있는 원기둥처럼 생긴 환상적이고 기발한 발상을 한 아파트 소개했다. 버트랜드 골드버그는 기존의 컨테이너 식 건축과 확연히 다른 혁신적 디자인을 선보이며 자기 능력을 발휘하는 계기가 됐다. 마리나 시티를 통해 세계적 명성을 얻게 됐다.

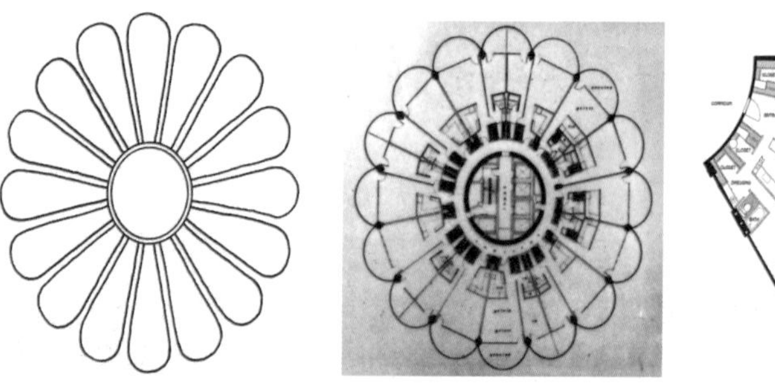
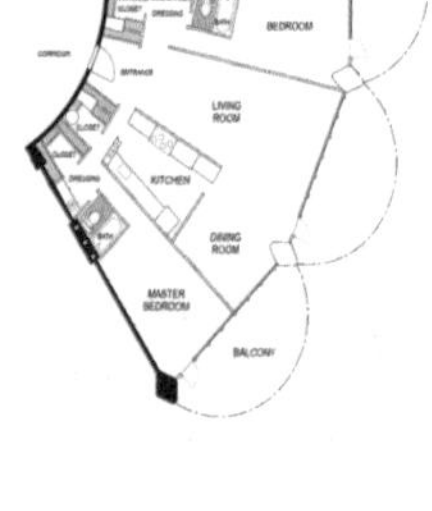

마리나 시티 설계도

직선을 벗어난 곡선의 외형을 가진 마리나 시티가 서민들과 중상층을 위한 공공 임대 아파트라는 점은 매우 고무적이었다. 교외로 이주하는 인구이동을 역으로 도시로 불러오기 위한 도시 안의 도시 콘셉트는 미래 주거 공간의 방향성을 제시하기도 했다. 1977년도 콘도로 전환한 마리나 시티는 시카고 최고의 마천루보다 인지도가 높았다. 두 개의 옥수수 마리나 시티(Marina City)는 역사적 건축물에 공식 명소로 지정됐다.

"새로운 사회, 새로운 사람을 위해 설계하고 있다. 개별 건물을 디자인하는 것이 아니라 환경을 디자인한다.

\- 버틀랜드 골드버그 1964 -

02 뉴욕 : 엠파이어 스테이트 빌딩

대공황기에 탄생한 초고층 빌딩

20세기 초 전기 에너지의 기반으로 컨베이어 시스템으로 제품의 대량생산이 가능하면서 미국 경제가 호황을 누렸다. 건설의 붐이 한창이었고 초고층 건축의 바람은 뉴욕에서도 본격적으로 불었다. 주목할 아이코닉 건축은 1902년 완공된 플랫 아이언 빌딩(Flatiron Building)이다. 삼각형 토지는 건물을 짓기에 적합하지 않은 편견이 있다.

엠파이어 스테이트 빌딩

브로드웨이 5번가 23 스트리트 교차로 지점에 삼각형 대지 위에 다리미를 연상케 하는 플랫 아이언 빌딩은 길모퉁이에서 빈티지 감성을 자아내고 있다. 상상력을 초월하며 자투리땅에 정박한 플랫 아이언 빌딩은 고전적이고 섬세한 보자르 디자인에 근거를 두고 완공과 동시에 아이콘이 됐다. 뉴욕의 초고층 건물의 선구적인 플랫 아이언 빌딩은 100년이란 시대를 초월해 근대화의 물결과 함께 강철 구조 초고층 건물의 역사로 태어나 뉴욕을 상징하는 아이코닉 건축이다. 엠파이어 스테이트 빌딩과 같이 꾸준히 사랑받는 건물로 뽑히고 있다.

당시 획기적인 철골 조립 공법 적용 건물 플랫 아이언 빌딩

1929년 미국은 대공황의 시기를 맞게 되었다. 미국 경제적 타격이 예상되었으나 망설일 여지없이 초고층 빌딩의 경쟁은 계속됐다. 엠파이어 스테이트 빌딩(Empire State Building)은 뉴욕 중심부 맨해튼 5번가에 1930년 3월 17일에 착공하여 1931년 4월 11일에 완공했다. 짧은 공사 기록을 세우며 1931년 5월 1일에 개장하며 세계에서 제일 높은 초고층 건물로 탄생했다. 세계 최초로 높이 381m(102층) 100층이 넘는 엠파이어 스테이트 빌딩은 세계를 놀라게 하며 마천루의 위용을 과시했다.

도시에서 아이코닉 건축은 긴밀한 대응 관계에 있다. 맨해튼의 값비싼 땅에 높은 건물을 지어 경제적 수익을 창출하는 것이었다. 처음엔 80층으로 계획하였으나 크라이슬러 빌딩과의 높이 경쟁으로 추가적인 공사가 이어졌다. 85층까지는 오피스이다. 86층은 전망대이고 나머지 17층은 구조물로 세계 최고 높이의 아이코닉 건축이 되었다. 당시 상황으로 고층 건물을 빠르게 완공할 수 있는 요인은 모호크족이 빌딩 공사에 참여하게 되었기 때문이다. 모호크족은 수렵 채집을 위해 높은 침엽수를 오르는 것이 일상이었다. 엠파이어 스테이트 빌딩은 고소공포증이 없는 캐나다 출신 모호크족을 철강 일력으로 투입해 공사에 속도가 붙으며 예산도 절감하고 예정 공사 기간보다 단축했다.

엠파이어 스테이트 빌딩 건축 장면

규모에서 경이로운 기록을 남긴 엠파이어 스테이트 빌딩은 연 면적 254,000㎡, 엘리베이터 67대, 철골 기둥과 빔 57,000여 톤, 벽돌 1천만 장, 창문 6,514개 등 대단한 기록을 보유하고 있다. 공사비는 2,500만 달러이다. 100층 이상 초고층 건물의 높이 기록은 물론 200만 달러 예산을 절감하며 공사를 마무리했다. 410개월 만에 완공해 공기까지 단축하는 쾌거를 올렸다. 모든 계획과 시공 과정에서 차질 없는 자재의 조달과 인력 관리 및 파트너십 그리고 뛰어난 프로젝트 운영 능력이 만들어 낸 결과였다. 세계 최초 100층이 넘는 압도적인 높이로 탄생한 엠파이어 스테이트 빌딩은 안타깝게 대공황기 늪에 빠져들어야 했다.

대공황기(1929~1939)는 20세기 경제가 최저치로 하락해 몸살을 앓고 있을 때 미국은 역사에 남는 아이코닉 건축을 생산했다. 크라이슬러 빌딩(Chrysier Building, 1930), 조지 워싱턴 브릿지(George Washington Bridge, 1931), 후버댐(Hoover Dam, 1936), 금문교(Golden Gate Bridge, 1937), 라과디아 공항(Laguardia Airport, 1939), 록펠러 센터(Rockefeller Center, 1939) 등이다. 미국 주가가 폭락하며 불황에 직면하고 있는 시기에 엠파이어 스테이트 빌딩(1931)이 건설됐다. 윌리스 타워(1973), 세계무역센터(1973)가 건설한 뒤 1970년대 1, 2차 오일쇼크로 경기 침체와 물가 폭등으로 인한 극심한 스태그플레이션(Stagflation)이 발생했다.

마천루의 저주

미국이 주도하던 마천루의 경쟁은 1990년대 아시아로 물살이 흘렀다. 마천루 프로젝트를 기점으로 경기 침체의 전조가 보이자 '마천루의 저주'란 말도 생겼다. 건축을 사회학이나 경제학의 관점에서도 살펴볼 필요가 있다. 1999년 경제학자 앤드루 로런스(Andrew Lawrence)는 초고층 빌딩의 건설과 경기의 호황과 불황에 대해 연관 있는 사례를 분석하여 가설을 발표했다. 경기의 성장기에 초고층 빌딩 건설이 시작되어 완공할 즈음에 다시 경기가 하락하여 불황을 겪게 되는 가설이다.

1990년대 동아시아의 경제 대국 일본이 버블경제가 붕괴하면서 금융시장과 증권가는 큰 타격을 입었고 경제는 디플레이션에 빠졌다. 1991년 도쿄청사(Tokyo Metropolitan Government Building)는 일본에서 가장 높은 건물 높이 48층, 243m로 완공됐다. 경제가 호황이던 버블경제 말 1988년에 착공했다. 수용 인력을 늘리기 위해 넓은 수평적 부지확보 보다 도쿄의 비싼 토지가격을 비교할 때 효율적인 수직적 초고층 건물을 짓게 됐다. 건축 분야에서 노벨상으로 불리는 프리츠커상을 일본인 최초로 수상한 건축가 단계 겐조(1913~2005)가 디자인했다. 일본 전통성과 현대 컴퓨터 칩을 결합한 디자인 특징은 포스트모더니즘 양식이다. 이 초고층 빌딩은 과다한 공사비가 투입됐으며 경제가 내리막을 타기 전 버블경제 막바지 1991년 완공됐다. 이어서 요코하마 랜드마크 타워(1993)를 요코하마시 미나토 미라이 지구에 세웠다. 초고층 건물 높이 296m는 일본에서 가장 높은 마천루 자리를 지켰다.

1997년 말 태국에서 촉발해 아시아 지역을 중심으로 외환위기 사태가 벌어졌다. 페트로나스 트윈타워(1998)는 말레이시아 쿠알라룸푸르에 있는 아시아권 가장 높은 초고층 건물 높이(451.9m)로 미국의 시어스 타워 높이(442.1m)를 제치고 세계 최고 초고층 건물 자리(1998~2003년까지)를 탈환했다. 페트로나스 트윈타워는 외환위기 직후 완공됐다. 말레이시아는 국제통화기금(IMF)에 구제금융 신청을 하지 않고 자구책으로 위기에서 벗어났다. 외환위기 직격타를 맞은 한국은 대우건설이 102층 초고층 빌딩을 계획했으나 무산됐다.

대중문화에 스며든 스카이라인의 주인공

엠파이어스테이트 빌딩은 높이 경쟁에서 오랫동안 1위를 차지하며 1972년까지 독보적인 마천루의 대명사로 세계 타이틀을 41년 동안 지켰다. 뉴욕을 대표하며 세계에서 오래도록 풍부한 사랑받는 아이코닉 건축이다. 산업혁명 이후 철강산업의 발달과 엘리베이터의 발명은 초고층 빌딩을 수직상승이라는 파격적인 실현을 가능하게 했다. 초고층 빌딩의 놀라운 높이는 당시 과학기술의 발전이 이루어 낸 기적의 산물로 나타났다.

킹콩 영화에 등장한 엠파이어 스테이트 빌딩

엠파이어 스테이트 빌딩은 당 시대에 유행하는 아르데코 양식이다. 단순하고 간결한 기하학적 패턴 스타일로 20세기 초에 짧게 유행하며 산업화의 과도기에 혁신적인 디자인으로 등장했다. 1930년대 프랑스에서 넘어와 미국과 유럽에서 유행을 일으킨 아르데코 건축 양식은 시대를 상징하며 도시의 역사와 문화를 담아 놓았다. 뉴욕 중심에 현대 기계문명의 결합을 상징하며 장식을 배제한 세련된 기능적인 미를 추구하며 위상을 높였다.

1930년대 미국의 주요 문화생활은 영화 관람이다. 대공황 시기 영화산업은 황금기를 맞이했다. 불황기에 우울한 마음을 달래는 가성비 좋은 영화는 대중들의 소비 문화로 핵심적인 역할을 했다. 1933년 뉴욕에서 '킹콩'이 개봉되면서 영화에 출연한 엠파이어 스테이트 빌딩은 대중문화에 스며들었다. '시애틀의 잠 못 이루는 밤', '퍼시 잭슨과 번개 도둑', '어벤져스', '비긴 어게인' 등 할리우드 영화에 단골처럼 등장하는 아이코닉 건축으로 세계에서 가장 많은 관심과 사랑을 받는 문화의 아이콘이 됐다.

도시의 스카이라인을 변화시킨 엠파이어 스테이트 빌딩 수난의 사건이 있다. 1945년 7월 28일 B-25 미첼 폭격기가 충돌한 항공사고이다. 사고의 원인은 짙은 안개로 인해 시야 확보가 어려워 방향 감각을 잃고 엠파이어 스테이트 빌딩 북쪽 78층~80층에 충돌했다. 폭격기 탑승자 3명과 79층에 입주 있던 11명이 사망하고 30여 명이 다치는 충격적인 일이 벌어졌다. 당시 빌딩 전망대에 40여 명의 관광객과 1,500여 명이 머무르고 있었다고 한다. 사망자가 적었던 이유 중 하나는 엠파이어 스테이트 빌딩 대부분이 공실이었다. 건물 외벽이 부분적으로 파손되었고 다행히 구조적 안전성에 관하여 큰 이상이 발생하지 않았다. 철근콘크리트 구조 건물의 견고성을 입증해 준다. 커다란 사고가 일어났지만 빠르게 복귀가 이루어지며 정상적으로 운영됐다. 이외에도 초고층 건물에서 일어날 수 있는 추락, 자살 등 여러 가지 사건 사고가 있었지만 엠파이어 스테이트 빌딩은 건재하게 존재하고 있다.

20세기 최대 경제 대공황 시기에 탄생한 엠파이어 스테이트 빌딩은 엠티(Empty) 스테이트 빌딩이라는 별명이 붙을 정도로 공실률이 심각했다. 10여 년간 지속한 경제 대공황의 위기를 이겨내면서 드디어 1946년 엠파이어 스테이트 빌딩은 주요 본사가 입주했다. 빌딩의 위상을 찾고 가장 수익성이 높은 건물로 빛을 보게 됐다. 뉴욕을 상징하는 엠파이어 스테이트 빌딩은 맨해튼의 현대 건축물들 사이에서 아르데코 마천루의 독특한 아름다움을 발산하며 뉴욕의 스카이라인의 주인공이 됐다.

기술과 야망의 상징적 아이콘

엠파이어 스테이트 빌딩은 기술과 야망의 상징이었던 차별화된 전략으로 건축의 입지를 굳건히 지키고 있었다. 해마다 400만 명이 넘는 방문객이 전망대를 찾아온다. 전망대의 강점을 가지고 록펠러 센터 탑 오브 더 락과 우위를 다투는 차별 경쟁을 한다. 86층과 102층 전망대에서 잠들지 않는 세계 최고 도시 뉴욕을 감상할 수 있다. 광활한 대지 위에 불야성을 이루고 있는 마천루를 감상하기 위해 세계인의 발걸음은 끊이지 않고 있다. 1981년 엠파이어 스테이트 빌딩은 랜드마크로 선정됐다. 첨탑 높이 200ft 상공에서 16만여 가지의 불빛으로 환상의 세계를 연출하는 조명 쇼가 환희의 선물을 제공한다. 상징적 타워 라이트 아이콘은 중요한 행사, 국경일, 공휴일 등 특별한 의미의 조명을 밝히며 빛으로 상징하는 뉴욕의 아이코닉 건축이며 랜드마크를 자랑하고 있다.

엠파이어 스테이트 빌딩 야경

엠파이어 스테이트 빌딩은 실내 디자인에도 아르데코 스타일이 반영되어 있다. 2009년 피프스 애비뉴 로비(Fifth Avenue Lobby)는 천체 하늘을 표현한 아르데코 스타일의 찬란한 벽화를 복원했다. 23k 금과 알루미늄 박판을 사용해 섬세하고 고급스럽게 기존 벽화와 같이 복원했다. 복원하는 기간은 2년 동안 20,000시간 이상이 소요됐다. 현재에 맞게 재구성하는 과정에서 기존의 디자인을 유지하는 계획으로 찬란한 빛을 되찾은 로비는 천장과 벽에서 발산하는 화려한 광채로 방문자를 환영하고 있다.

친환경 그린빌딩의 재탄생

친환경 그린빌딩

건설 당시 기술과 상상력으로 초고층의 아이콘으로 야심 찼던 엠파이어 스테이트 빌딩은 90년 넘은 건물이 혁신적인 변환을 통해 지속 가능한 미래에 도전했다. 엘리베이터 교체, 열 손실 및 탄소 배출량 감소, 조명의 에너지 효율 장치 등 노후도와 에너지 손실의 근본적인 문제를 개선했다. 글로벌 아이콘이며 역사적 상징 위에 최신 유행에 앞서가는 레트로피트(Retrofit) 프로젝트를 도입했다.

건물 전체 안전에 대한 건강 안전 등급(Well Health-Safety Rating)을 미국 최초로 획득했다. 에너지 효율성 높은 친환경 빌딩으로 변신했다. 창문 6,514개를 분해하여 이중창 사이에 특수한 열 거울 필름을 붙여 에너지를 절약하는 효과를 거두며 절연 가스를 주입해 단열 기능을 강화했다. 햇빛의 강도에 따라 실내조명이 자동 조절되도록 개조하여 에너지 사용량을 최소화했다.

초고층 빌딩의 핵심 이동 수단은 엘리베이터이다. 초고층 아이코닉 건축이 아름다움을 지키며 존재할 수 있었던 것은 엘리베이터의 역할이 크다. 엠파이어 스테이트 빌딩 건축 당시 가장 빠르고 발전한 엘리베이터를 설치했다. 하지만 2019 완료된 프로젝트는 73개의 엘리베이터를 대대적으로 교체했다. 기존 엘리베이터보다 50%~75%까지 더 에너지 효율적이고 기술적인 시스템을 갖췄다. 86층~102층 전망대까지 운행되는 통유리 엘리베이터는 뉴욕시와 그 너머까지 펼쳐지는 광경을 감상하도록 전망을 제공한다. 화물 및 승객용 등 다양한 용도로 첨단 방식을 결합한 엘리베이터가 발명되었기에 뉴욕이란 거대 도시에 마천루가 가능했음을 입증할 수 있다. 엠파이어 스테이트 빌딩은 연간 440만 달러에 달하는 비용을 절감하는 지속 가능한 친환경 빌딩이다. 역사의 흔적 위에 새롭게 재구성하여 수 세대에 걸쳐 끊임없이 진화하는 아이코닉 건축이 됐다.

지속가능성에 대한 개선은 2030년까지 탄소 중립을 달성하기 위한 목표를 세우고 미래로 향하고 있다. 기존 디자인을 유지하며 새롭게 재현한 복원 프로젝트는 에너지 효율성 및 기능을 더욱 강화한 모범적으로 진행된 리모델링 사례로 국제적인 관심을 받았다.

엠파이어 스테이트 빌딩에서 본 뉴욕

엠파이어 스테이트 빌딩 102층의 숫자에는 영국에서 자유를 찾아 미국으로 건너온 청교도 102명을 기념하기 위한 미국의 역사적 사실을 간직하고 있다. 시대의 변화와 과학 문명의 급속한 발달로 인하여 인간은 끊임없이 초고층 건물에 도전하며 높이에 자존심을 걸었다. 아이코닉 건축에서는 뚜렷한 정체성을 발견할 수 있다. 목표 의식을 가지고 건축 공간의 실체를 유지하며 도시의 혁신적인 경쟁력을 강화했다.

뉴욕 그 자체라는 아이코닉 건축 엠파이어 스테이트 빌딩은 높이를 자랑하는 경쟁에서는 순위 자리를 내주었다. 하지만 세계 최고 도시 뉴욕을 상징하는 아이코닉 건축으로 이 시대가 요구하는 인류에게 이로운 건축의 리더로써 앞장섰다. 엠파이어 스테이트 빌딩은 친환경 리모델링 공사를 통해 가장 현대적인 지속가능한 친환경 건축의 선두 주자로 나선 초고층 아이코닉 건축이 됐다.

뉴욕 스카이라인의 선두 주자 엠파이어 스테이트 빌딩

03 두바이 : 부르즈 할리파

인간의 욕망을 자극한 본질적 근성

1990년 후반 아시아에 마천루 건설의 붐이 일어났다. 알려진 바와 같이 미국의 윌리스 타워(1973년 442.1m/108F)를 앞질러 아시아 최초로 역대 초고층 빌딩은 말레이시아 쿠알라룸푸르에 세워진 페트로나스 트윈 타워(1998년 451.9m/88F)이다. 현재 쌍둥이 초고층 빌딩으로는 세계에서 가장 높은 빌딩으로 자리매김하고 있다.

세계 최고층 빌딩 순위

다음은 세계 최초 500m 기록을 깨고 역대 세계 초고층 빌딩에 도달한 대만 타이베이 101(2003년 508m/101F)이다. 지진과 강풍을 대비한 황금색 구체 댐퍼가 특징인 타이베이 101도 순위 자리를 부르즈 할리파에게 내어주었다. 아랍에미리트 두바이에서 인간이 만든 가장 높은 초고층 구조물 부르즈 할리파(2010년, 831m/163F)는 사막의 꽃으로 피어났다.

산업혁명을 통해 과학기술의 혁신과 사회 경제적 발전은 인간의 욕망을 한층 더 채우게 했다. 신비하고 경외심을 일으켜 예술의 극치에 오른 중세 고딕 양식 건축을 아주 오래전 문명의 바탕에서 바라보면 바늘같이 뾰족한 첨탑을 세워 거대한 아이코닉 건축을 만들었다. 한없이 높아지고 싶은 인간의 감정을 초월하여 숭고한 건축의 미로 승화시켰다. 독일의 쾰른 대성당은 1248년에 짓기 시작해 중단되었다가 여러 세기를 거쳐 1880년에 완공됐다. 최종 종탑의 높이 157.38m이다.

쾰른 대성당

폭격 맞은 쾰른

533개 계단을 올라가야 종탑에 오를 수 있다. 2차 세계 대전 중 독일 쾰른 중심부가 포격을 당해 도시가 괴멸한 상황에서 쾰른 대성당은 문화유산으로 존중받아 직접적인 폭격을 당하지 않았다. 쾰른 대성당의 높이 솟은 첨탑은 확연히 구별된 아이콘의 역할을 했다. 600년 넘는 세월을 지나오며 완공 당시 가장 높은 고딕 건축 양식이었으며 1884년까지 세계에서 가장 높은 아이코닉 건축이었다.

인류 문명의 시초부터 현대에 이르기까지 인간의 본질적 근성은 하늘에 닿고자 신을 향한 바람을 건축물의 높이로 표현했다. 현대 문명은 과학과 기술의 발전이라고 할 수 있으며 인간 생활에 치밀하게 침투하여 인간의 욕망을 자극한다. 세계를 넘어 하늘을 향하여 경쟁하는 시대에 우리는 살고 있다. 초고층 빌딩은 첨단 기술의 결정체이자 인류가 발명한 문명의 집합체이다. 뛰어난 디자인이라 할지라도 시공 기술력을 개발하지 못하면 실현 불가능한 꿈에 머물고 말 것이다. 앞서 언급한 아시아 역대 초고층 빌딩 높이가 곧 세계 초고층 빌딩 높이이다. 그 성공적인 역사는 자랑스럽게 대한민국이 신화의 기술로 이루어 냈다. 인류는 초고층 빌딩에 대한 끊임없는 야망에 도전할 것이며 부르즈 할리파를 추격하고 새로운 초고층 아이코닉 건축의 전설을 이루어 갈 것이다.

근대 건축의 거장 프랭크 로이드 라이트(Frank Lloyd Wright 1867~1959)도 초고층 빌딩의 꿈을 꾸었었다. 수평이 강조된 유기적 건축을 지향하며 인정받아 왔다. 낙수장(1936), 뉴욕 구겐하임 미술관(1959) 등 유명 작품을 남긴 세계 건축사를 빛낸 인물이다. 그가 남긴 자료에서 발견된

1956년 높이 1마일(1.6km)에 달하는 초고층 드로잉은 부르즈 할리파 보다 약 두 배 정도 높은 마일 하이 일리노이(Mile High Illinois)이다. 건물을 지탱하는 하중의 해결, 바람의 문제, 엘리베이터의 성능 등 초고층 빌딩이 성공하기 위해서는 극복해야 할 난제들이 많다.

프랭크 로이드 라이트의 일리노이와 닮은 사우디아라비아에 세계 제일 초고층 빌딩 제다 타워(168층, 1,008m)는 2018년 1월 이후 70층 건설 상태에 머물러 진척을 보이지 않고 중단되어 있다. 코비드 19는 팬데믹 상황에서 전 세계 모든 산업을 마비시켰고 인간의 생명을 위협했다. 제타 타워는 코비드 19 영향으로 인부도 떠났고 경기 악화로 비운을 겪고 있다. 세계 최고로 가는 길은 어렵고도 험난한 길이다.

마일 하이 일리노이

제타 타워

가난한 어촌 마을에 세계 최고 초고층 빌딩의 기적

사막의 도시에서 놀라움의 기적을 발견하게 된다. 두바이는 페르시아만 아라비아반도 해안가에 있는 사막 도시이다. 진주 채취와 어업 그리고 무역에 의존도가 높은 작은 어촌이었다. 1966년 두바이 파테(Fateh) 유전에서 원유가 처음 발견되면서 두바이의 상황은 달라졌다. 1969년부터 석유 수출을 시작하며 수익이 증대하게 되었다. 그 후 라시드(Rashid)와 마르감(Margham) 유전에서 원유가 발견되며 경제적 부를 창출했다.

1985년부터 두바이는 자유무역지대를 설립해 경제적 흐름을 다각화하며 산업의 성장을 이루어왔다. 두바이는 중동 금융의 허브가 되었으며 가장 화려한 도시로 변했다. 경제적 기반이 튼튼한 두바이는 비석유 산업 부분에 전략을 세워 관광 및 서비스업을 중점적으로 발전시켰다. 두바이는 석유화학, 시멘트, 알루미늄 등 관련된 산업에서 주 수입원이 되기도 한다. 또 두바이는 부동산 투자와 개발을 통해 국가 경제의 화력에 불을 붙이며 위상을 유지했다.

초고층 아이코닉 건축

1971년 영국으로부터 독립한 아랍에미리트 연합국의 7개 토후국 중 하나인 두바이는 비교적 짧은 시간에 성장의 가속도를 달렸다. 21세기 현재 두바이는 세계에서 가장 높은 초고층 빌딩을 자랑하고 있다. 두바이는 각기 다른 도상적 인공물이 랜드마크를 형성하며 세계에서 가장 아름답고 신비로운 건축물로 손꼽히는 아이코닉 건축이 두바이 대표하고 있다.

아랍에미리트 두바이에 있는 부르즈 할리파(Burj Khalifa)는 사상 세계 최고의 초고층 아이코닉 건축이다. 2004년 9월 21일 착공하여 2010년 1월 4일에 완공됐다. 공사비 40억 1,000만 달러가 소요됐다. 지하 2층, 지상 163층 828m(2,717ft) 높이의 대규모 단독 복합시설로 건축의 연면적 344,000㎡이다. 건물의 층수는 대략 이렇다. 1층부터 39층까지는 호텔과 레지던스가 있고, 40층부터 108층은 고급 아파트, 스카이 로비가 있다, 109층부터 151층까지는 사무용 공간과 레스토랑이 있다. 124층은 전망대, 156층~159층은 통신 및 방송시설로 구성됐다. 엠파이어 스테이트 빌딩의 두 배이며 에펠탑 높이의 세 배에 가깝다.

공식 명칭은 부르즈 두바이(Burj Dubai)로 등록하였으나 완공 후 부르즈 할리파(Burj Khalifa)로 개명한 이유가 있다. 2008년 전 세계 금융위기의 영향으로 모라토리엄 상황이 되어 건설에도 타격이 왔다. 다행히 아부다비가 채무불이행에 대한 구제금융을 제공해 경제적 위기를 모면했다. 두바이 왕은 보답의 표시로 완공된 건축의 명칭을 부르즈 할리파로 바꿨다. 부르즈 할리파(Burj Khalifa)는 아랍어로 '탑'의 뜻을 가진 '부르즈'와 당시 아랍에미리트 연합국 대통령이자 아부다비 국왕 '할리파 빈 자예드 알 나흐얀(Khalifa bin Zayed Al-Nahyan)'의 이름을 따서 개칭했다. 사막의 모래 위에 세계에서 제일 높음을 자랑하는 아이코닉 건축 부르즈 할리파도 글로벌 금융위기에 직면했던 마천루였다.

멀리 보이는 부르즈 할리파

최첨단 기술 시스템 3일 공법

세계 초고층 아이콘 프로젝트는 세계적 기업 또는 유명 스타 건축가가 독창성 있는 수요자의 건축 욕구에 맞게 창조하기 위해 글로벌시장에서 치열한 경쟁을 한다. 국내 건설업체 중 해외 건설 부문에 우리 기업들은 초대형 프로젝트를 수주해 우수한 기술력에 대한 역량을 인정받아 왔다. 부르즈 할리파의 건축 주계약 시공사는 대한민국 삼성물산(주) 건설부가 맡았다.

부르즈 할리파 건설 현장

핵심 기술 가운데 3일 공법이 있다. 세계 최초로 시도된 자동상승 시스템이다. 첫날, 철근을 조립하고 둘째 날, 건물 형태의 거푸집을 만든다. 셋째 날, 콘크리트를 부어 굳으면 거푸집이 자동으로 한층 밀어 상승하는 공법이다. 3일에 1층씩 올리는 최단기간 초고속 시공 능력을 발휘했다. 초고압 펌프를 활용해 고강도 콘크리트를 156층, 601.7m 초고층까지 직접 압송하는 세계 신기록을 세우며 기술의 혁신을 일으켰다.

사막의 기후 조건에 800m가 넘는 초고층 건물을 세운다는 것은 위험을 초래한다. 하지만 초고층 건물을 비틀어지지 않게 수직으로 상승하며 지을 수 있었던 방법이 있었다. 인공위성 3대를 이용해 수직의 오차를 확인하는 위성 GPS 측량 시스템의 도입이었다. 거대한 무게의 건물 하중을 분산하기 위해 깊이 50m에 직경 1.5m 대형 콘크리트 파일 총 3,192개를 박았다. 건물 바로 아래에는 192개와 건물 주변에 3,000개의 파일을 박고 호주에서 수입한 모래로 견고하게 기초를 다졌다.

초고층 빌딩의 중점 사항은 바람을 통제하기 위한 내풍 설계에 있다. 층별로 높이를 다르게 하여 바람의 교란을 일으키는 나선형 패턴 모양으로 16회 축소 단계를 적용한 공법을 사용했다. 건물의 변형 방지를 위해 대나무의 마디를 형상화하여 아웃리거(Outrigger) 층을 견고하게 설계해 바람의 저항에 순응하게 했다.

부르즈 할리파

강도 7.0 이상의 지진 발생 지역에 초고층 빌딩을 건설하려면 자연에 반하는 공학적인 내진설계를 통해 타워의 안전성을 높였다. 낙뢰를 대비하고 화재 발생 시 대피할 수 있는 피난시설을 갖추었다. 초고층 빌딩 건설은 어려움이 많이 따른다. 엄청난 무게로 누르는 힘은 건물 전체가 65m 가라앉을 가능성이 있어 각 층을 2~4m 높게 설계 건축하여 침하량을 예측하는 잠재적인 문제까지 살펴 빌딩의 안전성에 대비했다.

부르즈 할리파는 건축물이 안전하게 완공하기까지 전반적인 공정에 최첨단 테크놀로지의 발명과 우수성을 증명한다. 불과 5년 만에 완공한 부르즈 할리파는 시간과의 투쟁이었다. 건축가, 엔지니어, 인부들의 수고는 꿈을 현실로 만들어 인간의 본질적인 열망을 실현했다. 부르즈 할리파는 시각적 웅장함과 막강한 국가 경쟁력을 과시하는 아이코닉 건축이다. 인간의 성공적 야망의 표현이자 새로운 도전의 가능성을 제시했다.

최초의 도시 국가부터 21세기의 최대 도시에 이르기까지 수직적 높이에 대한 도전은 변함이 없다. 높이를 추구하는 아이코닉 건축은 시대를 막론하고 큰 이슈이다. 건축디자인 세계의 강자인 미국 글로벌 기업 대형 설계 회사 SOM(Skidmore, Owings & Merrill)은 전 세계 스카이라인에서 상징적인 대다수 초고층 빌딩을 설계 디자인했다. 시카고에 본사를 둔 SOM은 1936년 건축가 2명과 엔지니어 1명으로 구성된 세 명이 협업해 소규모 회사로 시작했다. 세계에서 가장 높은 부르즈 할리파 역시 SOM의 건축적 우수성을 입증했다.

SOM은 스키드모어, 오윙스 & 메릴(Skidmore, Owings & Merrill)의 약칭이다. 부르즈 할리파는 SOM 아드리안 스미스(Adrian Smith)가 건축 설계를 총괄하였고 빌 베이커(Bill Baker)가 구조설계를 총괄했다. SOM의 특징은 전문화된 건축가와 구조 엔지니어의 재능을 원활하게 통합해 최대한의 능력을 발휘하게 했다. 협업을 통해 고도의 작업을 뒷받침하여 건축의 공학적 융합을 이루어 냈다. SOM은 세계 도시의 스카이라인에 대해 타의 추종을 불허했다.

미국 시카고 존 핸콕 센터(John Hancock Center, 1969)와 윌리스 타워(Willis Tower, 1974), 뉴욕의 상징적인 원 월드 트레이드 센터(One World Trade Center, 1973) 등을 통해 도시의 스카이라인을 재구성했다. SOM의 건축 영역은 전 세계로 확장됐다. 진 마오 타워(Jin Mao Tower, 1998), 쯔펑타워(Zifeng Tower, 2010) 등 중국과 우리나라 해운대 엘시티 더샵 랜드마크 타워(Haeundae LCT The Sharp Landmark Tower, 2019), 삼성 타워팰리스(Samsung Tower Palace, 2004)), 63빌딩(63 Building, 1985) 등 초고층 빌딩의 전문적 핵심 설계를 했다. 이외에도 다수의 아이코닉 건축이 세계 도시에 훌륭한 성과물로 건설됐다. SOM은 부르즈 할리파에 이르기까지 건축 및 엔지니어링, 도시설계, 인테리어 디자인 등 종합 건축 설계 기업으로 성장했다.

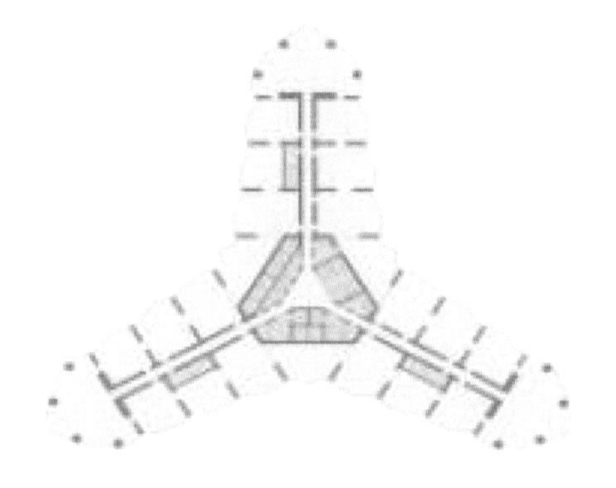

초고층 빌딩의 전문적 핵심 설계

위대한 건물을 건설하기 위해 훌륭한 인재들과 협업(Collaboration)을 통해 최상의 아이디어를 실현하고자 했다. 부르즈 할리파는 혁신적인 버트레스 코어 시스템(Buttressed Core System) 구조이다. Y자 모양을 형성하는 기본구조는 건물 중앙에 육각형 코어를 중심으로 세 부분으로 나누어졌다. 건물 중심축이 안정적으로 서 있을 수 있도록 부 벽을 세 방향으로 설치하는 공학적 공법을 적용했다.

사막의 꽃 히메노칼리스의 서정적 영감

히메노칼리스

부르즈 할리파 외관 디자인의 자연 영감, 문화적 모티브, 과학적 원리가 혼합되어 있다. 그리스 꽃 히메노칼리스(Hymenocallisor)는 거미백합(Spider Lily)이라고 불리는데 아름다운 막을 의미한다. 가늘고 길게 늘어진 6개의 꽃잎이 독특하다. 이 꽃의 우아한 모양을 응용하여 이슬람 건축 양식과 기하학적인 패턴 모양을 반복하여 문화적 영향을 결합한 외관 디자인이 됐다.

두바이의 이정표인 부르즈 할리파는 미적인 요소는 물론 효율적인 전망을 위해 나선형의 패턴을 그리며 건물이 위로 올라갈수록 가늘어졌다. 이는 고도가 높을수록 바람이 세게 불어 건물이 받는 풍하중을 최소화하고 균형 잡힌 구조를 구현하기 위한 것이다. 부르즈 할리파와 같이 초고층 거대한 아이콘이 서정적인 사막의 꽃을 형상화하여 도시 중심에 피었다. 미학과 과학의 원리를 결합한 인간의 창작물 두바이를 대표하는 아이코닉 건축 부르즈 할리파를 통해 조망해 본다.

세계 1위 마천루의 끊임없는 경쟁

오랜 역사를 거슬러 올라가 보면 하늘을 찌를 듯하고 높고 뾰족한 탑을 세워왔다. 높은 건축물을 지어 자신의 권위와 명성을 드높이고 최고, 최상이라는 이름을 붙이고 싶은 욕망에서 비롯됐다. 초고층 아이코닉 건축은 기업의 상징적인 브랜딩을 위한 강력한 도구가 됐다. 전 세계에 존재감을 알리기 위한 건축은 국가의 위상과 도시의 경쟁력을 강화한다. 초고층 빌딩은 개별 기업을 넘어 국가 차원에서 도시 경쟁력에 커다란 역할을 하는 경우가 많다.

최고가 되려는 추진력은 국가의 경제력이 따라주어야 한다. 두바이는 부르즈 할리파보다 더 높은 세계 최고의 도전 두바이 크릭 타워(Dubai Creek Tower) 프로젝트를 진행하고 있다. 만약 사우디아라비아 제다 타워(Jeddah Tower)가 완공하게 되면 첨탑 높이를 포함하여 1,007m로 현재 기준 세계 최고 높이가 된다. 높이 경쟁은 끝없는 상승을 남기려는 인간의 열망이며 초고층 아이코닉 건축의 실현은 최첨단 과학기술 발전의 근거이다.

두바이의 고층 건물

초고층 아이코닉 건축은 최고 도시의 명예를 얻고자 도시 이미지를 두각시킨다. 현대 도시는 브랜딩 및 도시 경쟁력에 이르기까지 구조물 그 이상의 가치를 기대한다. 도시의 인프라를 구축하기 위한 효율성을 높이며 공간의 복합 활용으로 초고층 빌딩 하나가 하나의 도시가 된다.

부르즈 할리파는 세계 최고, 세계 최대, 세계 최초의 기록을 다양하게 보유하며 명성을 높이고 있다. 세계에서 가장 높은 단독 건물이며 주거 층이 가장 높다. 그리고 가장 높고 빠른 초고속 엘리베이터가 있는 건물이다. 가장 높은 야외 전망대를 가지고 있다. 부르즈 할리파는 매스컴, 영화, SNS 등 다양한 매체에 등장하며 많은 관심을 받고 초고층 아이코닉 건축의 역할을 하고 있다.

세계 최고, 최대, 최초 기록을 보유하고 있는 초고층 아이콘 부르즈 할리파

2014년 12월 스마트 두바이 전략을 세워 정보통신기술 ICT(Information & Communications Technology)를 활용해 혁신적인 도시를 구축하기 위한 목표를 세웠다. 디지털 환경을 구축하여 도시를 관리하며 시민의 삶의 질을 향상하는 데 정책적으로 추진하고 있다. 황량한 사막 위에 세워진 도시 두바이는 인공물로 유명한 도시에서 세계 첨단 과학기술의 미래 도시로 구현하고 있다.

두바이의 야망은 끝이 없다. 최고, 최대, 최초에 치중하였던 전략에 도시 전체가 상품화하는 스마트 시티에 도전하고 있다. 여행과 관광 서비스 산업 기반을 확충하는 초대형, 초고층 아이코닉 건축 프로젝트는 계속되고 있다. 놀랄 만큼 짧은 시간에 두바이는 삭막한 사막에서 세계적인 관광지로 발전했다. 독특하고 유명한 아이코닉 건축이 있는 관광의 랜드마크가 되어 도시의 경쟁력을 강화하고 경제에 크게 기여하고 있음을 이미 간파했다.

두바이는 대륙이 교차하는 글로벌 허브로서 세계 도시를 잇는 지리적 요충지이다. 유럽과 아시아 그리고 아프리카를 이어주는 전략적 위치가 두바이를 국제 무역 및 상업의 중요 지점 역할을 했다. 다국적 글로벌 기업의 본사를 유치하여 글로벌 핵심 도시로 위상을 확고히 다졌다. 두바이는 미래를 예견해 원유의 감산과 기후에 대비한 중동지역 최초로 탄소 제로라는 미래 비전을 내세워 국가가 나아갈 방향성을 제시하며 중동을 선도하고 있다.

스마트 시티에 도전하는 두바이

제2장
퍼블릭 빌딩

01 파리 : 루브르 박물관과 유리 피라미드

공공적 기능이 복합적으로 함유된 건축

아이코닉 건축의 공공성은 건축디자인과 공공 공간이 대중과 공동체 모두에게 사회 문화적으로 상호작용이 되며 영향력을 가진다. 공공빌딩(Public Building)의 추세는 단일한 의미의 공공 건축보다 복합적인 의미가 함유된 기능과 프로그램이 다양하게 결합한다. 인간의 삶의 질과 연관하여 건강, 문화, 교육, 환경 등을 통해 미래 비전을 제시한다. 도시 환경을 개선하기 위해 도시 계획 또는 도시 재생 등 시민을 위한 주관적인 공공적 기능이 함유돼야 한다. 아이코닉 건축은 역사와 문화의 관계를 유지하며 사회 구성원을 모두 연계하는 방안을 위해 정부의 지원과 민간의 적극적인 투자적 참여가 필요하다. 아이코닉 건축의 공간적 가치를 실현하기 위한 시대적 요구에 따라 변화에 대응하는 정부의 유연한 대응이 있어야 한다.

아이코닉 건축은 대부분 시민이 참여하고 정부의 강력한 의지가 깃들어 있다. 특정 분야의 전문가들이 협력하고 건축가 특유의 창의적이고 개성 있는 건축을 창출하여 지역적 특성을 갖게 된다. 형식상의 법적 제도 안에서 관리되는 공공 건축의 범위를 벗어나 전 세계인들이 경계를 초월하여 함께 공유할 수 있는 광의의 의미에서 바라보아야 한다.

일정한 형식의 틀에 가두어 두면 건축의 상징적 의미는 시들어 버리고 매력 없는 건축이 되고 말 것이다. 건축의 공공적 공유 가치는 사회 전반적인 인프라 구축을 통해 경제 및 문화를 소비하는 자본을 형성하는 것이다.

도시를 개발하는 과정에서 많은 정책적 오류가 발생하기도 하지만 세계 최고 도시는 꾸준히 역사적 건축 문화를 계승하며 현대 도시와 조화를 이루어 가는 정책적 계획을 세운다. 아이코닉 건축은 도시 정체성이 담긴 건축 디자인에 꼼꼼히 신경을 쓰며 전략적 도시의 아이콘을 생산해 도시 경제를 활성화하기 위한 관광자원으로 역할을 한다.

아이코닉 건축은 미학적인 공공적 매개 공간을 통하여 인간의 상호 작용하며 다양한 구조를 연결하여 리좀적 관계를 형성된다. 국가의 경쟁력을 강화하기 위해서는 도로, 다리, 의료, 교육, 통신 등의 구축은 기본이다. 당 시대는 인터넷, IT 등 첨단 통신 기술의 발달로 국제 사회와의 소통이 활발해지고 지구촌이 하나로 연결돼 있다. 아이코닉 건축은 세계인이 공유할 수 있는 국가 특유 이미지로 도시의 브랜드를 형성하는 차별화된 기반을 구축하고 있다.

세계 도시는 다양하고 복합적인 욕구를 충족하기 위해 사회적 기능을 향상하는 방편으로 정체성을 개선하게 된다. 공공적 프로젝트는 국가의 브랜드를 창출하게 되며 세계적으로 주목을 받는 공공의 공유 가치가 되는 아이코닉 건축을 마주한 사람들의 인식 속에 남게 된다. 세계 여러 도시는 산업의 변화에 따라 아이콘화된 건축 문화공간을 확충하는 정책을 수립하여 도시산업을 일으켜 왔다. 방문의 경험을 유도하는 아이코닉 건축은 도시의 이미지를 집중시킬 수 있으며 도시의 미래를 지향하는 진보된 문명을 입증하고 있다.

요새에서 문화의 꽃이 핀 궁전

루브르 박물관은 유네스코 세계 문화유산으로 지정된 세계에서 가장 상징적인 박물관 중 하나이다. 루브르 박물관은 800년의 세월을 흐름을 타고 확장과 혁신을 거듭하며 역사와 문화의 요람으로 현대를 살아가는 우리

루브르 박물관의 명소 지하 요새

와 동행하고 있다. 12세기 말 프랑스 초대 왕 필립 오귀스트(Philippe Auguste, 1165~1123)가 센강 유역을 따라 성채를 짓고 요새로 사용했다. 루브르의 어원은 '루파라(Lupara)'라는 늑대가 서식한 지역명과 요새를 의미하는 'Lower'가 변화되어 '루브르(Louvre)' 가 유래 되었다는 설득력 있는 이론이 어원과 전설로 얽혀있다. 14세기에는 호화로운 프랑스 왕궁으로 탈바꿈하여 국왕 샤를 5세는 부와 권력을 누렸다. 운명의 수레바퀴가 돌아가면서 루브르 박물관은 백년전쟁이라는 위험한 난기류에 휩싸였다. 안전을 추구한 샤를 5세는 왕실을 포기했고 요새는 무기고와 감옥의 이중 역할을 맡았다.

루브르 박물관 전경

아이코닉 건축은 뜬금없이 나타난 것이 아니라 역사의 발자취를 밟아오며 한 시대를 대변하는 산물이 된다. 프랑스의 왕 프랑수아 1세(Francois I, 재위 1515~1447)는 루브르 100년 계획을 세워 갤러리와 파빌리온으로 연결하여 통일된 루브르 외관을 건설한 공이 큰 인물이다. 1515년 프랑수아 1세가 즉위하고 통치하는 기간에는 이탈리아 르네상스의 예술적, 건축적 문화의 성취에 깊은 영향을 받았다.

프랑스 문화의 거대한 발전을 이룩한 프랑수아 1세는 이탈리아 르네상스 양식을 선호했다. 중세 요새는 도시가 성장하고 발전함에 따라 더 이상 방어 목적으로 필요하지 않았다. 프랑수아 1세는 궁정의 화려하고 웅장한 이탈리아 르네상스 이상이 담긴 루브르 궁정을 건설하기에 이르렀다. 16세기 르네상스 양식의 아름다운 건축물로 규모를 확장하며 의도적이고 점진적으로 프랑스 건축과 문화의 전환점이 됐다.

루브르 박물관 소장 가장 인기 있는 모나리자

프랑수아 1세는 레오나르도 다빈치, 미켈란젤로, 라파엘로, 티치아노 등 이탈리아 거장들의 작품을 컬렉션 했다. 뛰어난 회화 작품을 수집하고 격조 높은 조각품을 배치하여 훌륭하게 궁전을 꾸몄다. 현재 루브르를 찾는 관광객들은 이탈리아 화가 레오나르도 다빈치의 '모나리자'를 관람하기 위해서라고 말해도 과언이 아니다. 루브르 박물관 최대 관람객의 시선을 사로잡는 최고의 작품을 볼 수 있는 것은 르네상스 형 군주로 취급받을 만큼 예술문화를 지향한 프랑수아 1세의 통치력에서 비롯됐다. 현재 루브르 박물관의 드농관은 르네상스 양식의 아이코닉 건축이다.

궁전에서 살롱 문화가 시작

1682년 태양왕으로 알려진 루이 14세는 사냥용 별장을 증축하고 베르사유 궁전을 주 거주지로 삼아 절대 왕정의 장이 됐다. 루브르궁전은 왕실 소유의 그리스와 로마의 조각품 등 다양한 수집품을 보관하고 전시하는 장소로 변경됐다. 예술가들은 왕실의 후원으로 궁전에 거주하며 예술적 재능을 발휘했다. 파리 예술은 루브르궁전을 거점으로 문화의 꽃이 피었다.

루브르궁전 당시 예술품 전시회

1692년 루이 14세는 루브르 박물관 내에 프랑스 왕립 아카데미를 설립했다. 아카데미는 왕실이 소장한 예술품들을 보존, 관리하였고 예술가를 양성하기 위한 교육 프로그램을 수행했다. 프랑스 예술의 기준과 미술교육을 공식화하고 제도화하는 중요한 단계였다. 왕립 아카데미에서 개최한 중요한 행사 중 하나는 살롱(Salon) 전시회이다. 1699년 살롱전은 신진 작가를 발굴하고 예술의 흐름을 선도하는 결정적인 역할을 했다. 수 세기 동안 이어진 살롱 문화는 예술적 움직임과 취향의 변화에 따라 진화했으며 프랑스가 예술과 문화의 강국으로 부상하는데 밑거름이 됐다.

루브르 박물관은 의심할 여지 없이 세계에서 가장 상징적인 건축물 중 하나이다. 12세기까지 거슬러 올라가는 역사와 전통 위에 새로운 문화의 맥을 이어왔다. 루브르궁전에서 열린 살롱전은 미술관의 현대적 개념을 형성하는 데 결정적 역할을 했다. 전통적 아이코닉 건축 루브르궁전은 시대의 흐름에 따라 다양한 문화적 교류를 위해 핵심적인 공간으로 제공됐다. 오늘날 살롱 문화적 배경을 통해 넓은 의미에서 살롱은 다양한 배경을 가진 사람들이 함께 모여 색다른 문화 매체에서 관심사와 취향을 공유하는 사교 모임이 됐다. 이러한 모임은 개인의 열정과 다양한 교류를 통해 커뮤니티를 증진 시키는 중요한 역할을 한다.

파리의 상징 브랜드 루브르 박물관

아이코닉 건축은 역사와 문화를 품으며 변화의 흐름을 따라간다. 1789년 프랑스혁명이 일어난 후 절대 왕정 시대가 붕괴하면서 궁전의 운명도 바뀌었다. 부르봉 왕가의 루이 18세는 박물관 설립을 추진하였으나 혁명정부의 반발로 무산되고 왕가 소유의 소장품은 국고로 귀속하게 됐다. 혁명정부는 국민회의를 통해 국가 소유의 소장품 전시를 선언하고 루브르궁전을 박물관으로 개조했다.

루브르 박물관에 전시된 유물

1793년 8월 10일 루브르 중앙 박물관을 정식 개관하여 최고의 걸작들을 대중에게 선보였다. 전시된 회화 작품 537점과 예술품 184점은 몰락한 귀족이 소유하였던 작품이거나 교회에서 압수한 수집품이었다. 궁전이라는 타이틀을 벗어내고 '루브르'는 역사적 브랜드로 프랑스를 대표하는 박물관 브랜드 '루브르'로 재탄생했다. 루브르 박물관의 정체성이 궁전에서 더 광범위하고 포괄적인 문화 기관으로 바뀌었다. 프랑스와 수도 파리의 전통적 문화유산의 상징이자 국가 브랜드를 대표하는 아이코닉 건축 루브르는 공공 박물관으로 시대에 적응하며 역사와 문화를 포용하고 있다.

나폴레옹 1세는 카리스마 있고 야심만만한 지도자로, 건축물을 확장하고 인상적인 미술 컬렉션을 수집하는 등 다양한 수단을 통해 자신의 권력을 강화하고 권위를 과시하려 했다. 군사적 승리를 거두고 유럽 전역에 자유주의 이데올로기를 전파하면서 그는 자신이 정복한 국가들로부터 수많은 미술품을 입수하여 소장품의 규모를 크게 늘렸다. 이러한 예술품 획득은 전쟁의 전리품이자 승리의 상징으로 여겨졌다. 권위와 예술과의 연관성을 더욱 강조하기 위해 나폴레옹은 통치 기간에 루브르 박물관의 이름을 '뮈제 나폴레옹' 박물관으로 변경했다.

가나의 혼인 잔치, 1562-3, 파올로 베로네세, 나폴레옹의 약탈품

1815년 나폴레옹이 워털루 전투에서 패배하며 전쟁 전리품으로 받았던 예술 작품은 원래 소유자나 원산지 국가로 반환됐다. 나폴레옹 제1 제국의 종말은 부르봉 왕가가 프랑스 왕좌로 복귀하는 계기가 됐다. 루이 18세의 통치 아래 문화의 중요성이 프랑스 명성을 높일 수 있는 잠재력으로 인식하고 컬렉션은 계속 확장됐다. 1852년 12월 프랑스는 제2 제정을 선포하고 나폴레옹 3세는 황제이자 초대 대통령이 됐다. 나폴레옹 3세는 파리 재개발에 대한 야심 찬 계획을 세웠다. 주요 프로젝트 중 하나는 루브르 박물관과 북쪽의 튈르리 궁전(Tuileries Palace)을 연결하는 것이다.

루브르 박물관과 조경

회랑과 루브르 박물관의 연결은 파리 리모델링 계획의 일환으로 1857년에 완료되어 루브르 박물관의 웅장함과 규모를 더욱 확장했다. 그러나 1871년 파리 코뮌 투사들에 의해 튈르리 궁전이 참혹하게 방화로 소실되어 막대한 피해를 봤다. 이후 튈르리 궁전은 복원되지 않고 10여 년간 남아 있던 유적은 결국 철거했다. 일부 공간을 재정비하면서 루브르는 카루젤 광장(Carrousel Square)과 마주하는 회전목마 광장을 향한 열린 공간을 만들었다. 박물관은 역사적 맥락에 따라 현재의 볼륨으로 완성됐다. 각 시대의 다양한 건축 양식과 미학을 수용하고 점진적으로 역사적 사건의 과정을 거친 루브르 박물관은 고유한 정체성을 유지해 왔다. 풍부한 세계 문화유산의 중요한 부분을 간직한 아이코닉 건축 루브르 박물관은 세계에서 훌륭한 랜드마크로 지속적인 중요성을 입증하고 있다.

루브르 박물관에 떠오른 아이콘 유리 피라미드

세계 3대 박물관으로 손꼽히는 루브르 박물관에 매일 수많은 관광객이 방문한다. 루브르 박물관이 세계적인 아이코닉 건축으로 변모해 장엄하게 입지를 구축하는 가운데 새로운 아이콘으로 떠오른 루브르 유리 피라미드는 프랑스 문화 중심지가 됐다. 1981년 프랑스 미테랑 대통령은 거대한 문화 프로젝트 '그랑 루브르(Grand Louvre)'를 추진했다.

새로운 아이콘으로 떠오른 루브르 유리 피라미드

프랑스혁명 200주년 기념 사업 프로젝트에 루브르 박물관 개선 계획이 있었다. 루브르궁전으로 둘러싸인 나폴레옹 광장의 안뜰에는 유리와 강철로 만들어진 거대한 유리 피라미드가 박물관 단지 중심에 완공됐다. 1983년 착공, 1989년에 완공된 루브르 피라미드는 저명한 중국계 미국인 건축가 이오 밍 페이(Ieoh Ming Pei)가 설계 디자인했다. 고풍스러운 전통과 세련된 현대가 대조를 이루는 획기적인 발상의 전환이었다.

루브르 박물관 유리 피라미드를 건설하는 데 여러 가지 측면에서 이유가 있었다. 세계에서 가장 권위 있는 미술관 중 하나인 루브르 박물관은 방문객 수가 증가하고 방대한 예술 작품을 수용할 더 많은 공간이 필요했다. 기존의 수장고와 전시 공간이 부족했고, 화장실, 편의시설 등의 공공시설은 늘어나는 관광객을 수용할 수 없었다. 박물관 입구가 방문객으로 붐비면서 혼잡이 발생했고 동선을 분산시키고 방문객의 원활한 흐름을 보강하기 위한 효과적인 대책이 필요했다. 이러한 문제를 해결하기 위해 재무부를 이전하고 박물관 공간을 통합하는 정책 제안이 제시됐다. 공간의 재배치는 확장 공간을 만들고 방문자가 이동하는 동선의 흐름을 순조롭게 유도했다.

나폴레옹 광장 안뜰 루브르 유리 피라미드

건축가 이오 밍 페이는 고대 이집트 피라미드의 유서 깊은 미학과 현대 유리 구조의 최첨단 디자인이라는 두 가지 독특한 건축 양식의 융합을 이루어 냈다. 루브르 유리 피라미드는 고대와 현대의 가교역할을 한다. 이 프로젝트의 성공적인 수행으로 전시 공간과 보관 공간이 추가로 제공되었을 뿐만 아니라 박물관 입구의 교통 혼잡 문제도 해결됐다. 고대와 현대적 요소가 결합 된 루브르 피라미드의 독특한 디자인은 대중과 전 세계의 상상력을 사로잡았다. 건축학적 경이로움이자 혁신과 문화적 중요성의 상징이 됐다. 개선문 및 에펠탑과 마찬가지로 루브르 유리 피라미드는 프랑스의 풍부한 역사, 예술 및 유산의 정수를 나타내는 아이코닉 건축이 됐다.

루브르 박물관의 모태가 된 피라미드

과거와 현대의 조화 그리고 미래

프랑스 미테랑 대통령이 전개한 문예 부흥 정책의 결과물인 루브르 피라미드의 건설은 중요한 사업이자 대담한 건축적 시도였다. 루브르 박물관의 정문 역할을 하며 박물관이 직면한 공간의 혼잡 문제에 대해 원활한 해결책을 제공했다. 이전에 대중에게 폐쇄된 장소인 나폴레옹 광장의 안뜰에 유리 피라미드를 건설하기로 한 결정은 현대 건축과 역사적인 건물의 주변 환경을 혼합하는 것을 의미했기 때문에 모험적 움직임이었다.

고대 이집트의 기자 피라미드를 닮은 유리 구조 루브르 피라미드 디자인은 실로 획기적이었다. 과거의 풍부한 유산에 경의를 표하는 동시에 혁신과 진보의 상징으로 서 있다. 루브르 박물관의 고전 건축물과 현대 피라미드의 병치는 전통과 현대의 조화로운 공존을 나타내고 있다. 강한 반대와 비판에도 불구하고 프로젝트를 완수하겠다는 미테랑 대통령의 확고한 의지는 문화 부흥과 발전에 대한 의지를 과감하게 보여주었다. 루브르 피라미드는 서로 다른 시대의 건축 양식이 서로를 수렴하고 보완할 수 있는 미래 비전에 대한 설정이다.

루브르 피라미드는 고립된 프로젝트가 아니고 프랑스의 문화시설을 확장하고 활성화하려는 의미를 부여한다. 라데팡스의 개선문, 라빌레트 공원, 오르세 미술관 등의 대규모 공공 프로젝트는 루브르 유리 피라미드와 함께 진행됐다. 도시 계획 및 문화 개발에 대한 이러한 응집력 있는 접근 방식은 역사적 유산을 보존하면서 미래를 내다보는 프랑스 정부의 정책적 아이디어이다.

프랑스혁명 200주년 기념 사업 프로젝트 유리 피라미드

실제로 루브르 피라미드의 완공은 혁신적인 디자인과 현대적인 건축 자재의 변혁적 사용으로 찬사와 비판을 동시에 받으면서 건축 역사에서 획기적인 순간을 기록했다. 양방향 투시 유리와 강철로 건설된 루브르 피라미드는 현대 건축 기술에 혁명을 일으켰다. 유리의 투명성은 루브르 박물관의 기존 고풍스러운 석조 건축물을 표면에 투사하여 전통과 현대 사이의 매혹적인 조화를 만들었다.

루브르 피라미드 디자인은 박물관 건축물을 가리지 않게 주변 환경을 보완하고 개선하기 위해 신중하게 고려됐다. 피라미드처럼 위쪽으로 좁아지는 삼각형 모양은 탁 트인 전망을 제공하고 자연광이 지하 공간 아래로 침투할 수 있도록 전략적으로 계획했다. 피라미드의 투명한 유리 구조는 뛰어난 디자인을 보여줄 뿐만 아니라 기능적 역할도 수행한다. 방문객을 박물관 입구로 유도하여 명확한 입장 방향을 제시하고 박물관 단지 내 공간을 효율적으로 사용할 수 있도록 했다. 초기의 비판과 논쟁에도 굴하지 않고 루브르 피라미드는 독립된 구조체가 됐다. 전통 건축과 현대 건축 디자인의 관계와 미학을 재정의한 아이코닉 건축으로 창의성의 힘을 보였다.

대조의 미학을 재정의한 창의적인 루브르 피라미드 내부에서 바라본 루브르 박물관

자연의 빛을 유입하는 유리 피라미드

아이 엠 페이(I. M. Pei)로 알려진 이오 밍 페이(Ieoh Ming Pei)는 1917년 4월 26일 중국 광저우에서 태어난 매우 영향력 있는 건축가였다. 그는 2019년 5월 15일에 세상을 떠났고 건축계에 특별한 유산을 남겼다. 20세기의 마지막 모더니스트 건축가 중 한 사람인 그는 바우하우스 스타일의 원칙을 계승하고 작품에 적용하는 능력으로 유명했다. 페이의 건축 디자인은 강철, 유리 및 콘크리트를 기본 재료로 사용하는 기하학적이고 간결한 형태가 특징이다. 그의 작품은 종종 미래적이고 상징적인 품질을 발산했으며, 고전적인 미학에 뿌리를 두고 있으면서도 현대 건축의 경계를 넓혔다.

자연의 빛을 유입하는 동시에 전통과 현대의 대조된 조화

페이의 유명한 작품 중 하나인 루브르 피라미드(Louvre Pyramid)는 그의 뛰어난 디자인에 대한 기호이다. 피라미드는 전통과 대조된 현대 건축의 연장선 역할을 한다. 동시에 그 모양과 형태의 아이콘은 호기심을 불러일으켜 공간에 대한 문화적 소비 욕구를 발동한다. 방문자가 박물관 내에 들어서면 빛과 그림자로 생성하는 신비한 음영 미에 눈길을 빼앗기며

패턴화된 공간과 상징적 상호작용을 한다. 루브르 유리 피라미드는 고대 피라미드의 염원을 담았다. 영원한 존재의 불멸을 의미하며 미래를 동경하는 인간 삶의 추구에 대한 상징적인 건축물이 됐다. 문화 강국의 자존심을 지키고 있는 프랑스는 루브르를 과거에 머물지 않고 루브르 유리 피라미드를 통해 강력한 브랜드를 각인시켰다. 유리 피라미드는 높이 21.6m, 한 변의 길이가 34m인 정사각형 바닥 1,000㎡에 금속기둥과 알루미늄 빔, 특수 제작된 투명 유리로 구성되어 있다. 603개의 마름모꼴과 70개의 삼각형을 포함하여 총 673개의 유리 조각이 피라미드 모양을 만드는 데 사용됐다.

유리 패턴으로 구성된 피라미드의 야경

나폴레옹 광장 지하 공간 활용 등 대대적인 공사로 전시 면적을 2배로 늘리고 기존 박물관 건물과 원활한 통로로 이어졌다. 시대를 초월해 영원한 존재 가치를 가진 박물관의 매력과 문화적 보물 창고를 훨씬 편하게 경험하게 됐다.

루브르 피라미드의 지하 아트리움으로 자연광이 작은 유리 피라미드를 통해 쏟아지는 광선 효과는 세 개의 입구가 드러나는 천상의 빛을 만들어

낸다. 리슐리외(Richelieu), 쉴리(Shully), 드농(Denon) 이름이 표시된 각 입구는 루브르 박물관 내 개별 전시관으로 연결된다. 이러한 경로는 여행자들이 예술, 역사 및 문화를 체험하기 위해 서로 분리되어 원하는 관람 방향을 설정한다. 이는 건축가 페이가 추구한 루브르 박물관 동선을 분리한 핵심 디자인이다.

편의시설과 다양한 쇼핑 기회를 제공하여 관람객이 박물관에서 문화 소비를 하는 동안 편안하고 즐거운 경험을 할 수 있다. 또한 원활한 보행자 동선은 박물관의 전반적인 편의성과 접근성을 높여 방문객이 전시된 방대한 예술 및 역사 컬렉션을 감상하고 참여할 수 있게 했다.

이질적인 조화, 전통과 현대 건축의 미적 융합

아이코닉 건축은 대중에게 인기가 높은 특징을 가지고 있다. 루브르의 아이콘 피라미드는 대중을 끌어들여 방문객이 늘어나면서 피라미드 정문의 대기 시간이 문제가 됐다. 이에 대한 창의적인 해법을 풀어냈다. 이번에는 거꾸로 된 두 번째 상징적 피라미드가 옛 튈르리 궁전과 나폴레옹 안뜰의 열린 공간 사이의 원형 녹지 영역에 건설됐다.

1993년 루브르 프로젝트의 2단계로 루브르 피라미드에서 약 150m 떨어진 곳에 거꾸로 된 구조는 지하 쇼핑몰의 아트리움에 추가됐다. 역피라미드에 접근하기 위해 방문객들은 개선문과 회전목마의 양쪽에 있는 계단을 내려갈 수 있다. 그곳에서 방문객들은 표면이 위를 향하고 꼭대기가 아래로 향해 매달려 있는 역삼각형 유리 피라미드를 발견하며 흥미로운 광경과 만나게 된다.

이 역피라미드는 지하상가 내부의 아이콘 역할을 하며 조형적이고 미학적으로 매력적인 공간을 형성하여 여행자들의 쇼핑에 흥미를 더한다. 루브르 박물관의 주 피라미드가 있는 지하 로비와 연결했다. 84개의 다이아몬드 모양 유리와 28개의 삼각형 유리를 사용하여 거꾸로 구성된 프랙탈

(Fractal) 기하학적 역피라미드는 공간의 연계성을 유도하며 상징적 상호작용 한다. 루브르의 경외한 건축물과 뛰어난 예술 작품이 결합한 환상적 공간을 경험하고 방문자들은 선물 및 기념품 상점이 있는 지하상가를 탐방할 수 있다. 인기 있는 쇼핑 명소는 여행을 더욱 즐겁게 한다.

루브르 유리 피라미드는 고대 이집트 피라미드를 그대로 모방하여 구현했다. 무색투명한 순수한 유리 피라미드는 고전 건축을 현대 미학적 디자인 원리에 융합했다. 피라미드라는 근원적 형태를 간결한 기호로 단순하게 표현하며 루브르 박물관의 위용과 강력한 상징 구조의 근본적인 형태를 구성했다. 유리 피라미드에 중첩된 루브르 박물관 풍경은 이질적이지만 조화롭게 보인다. 루브르 유리 피라미드의 실현은 쉬운 일이 아니었다.

전통과 현대의 진정한 소통은 고정관념을 버리고 인식의 전환이 필요하다. 중국 건축가의 개입을 반대하는 여론과 디자인 이질성에 대한 우려에도 불구하고 이 건축적 경이로움을 알리는 데 있어 프랑스 정부의 확고한 의지가 우세했다. 루브르 유리 피라미드와 루브르 박물관은 문화유산과 예술적 표현이 인류 역사의 풍요로움과 전통과 현대가 조화롭게 춤출 때 나타나는 아름다움에 대해 생각하도록 우리를 초대했다.

지하 쇼핑몰과 루브르 박물관이 통하는 유리 역피라미드 아이콘

02 알렉산드리아 : 뉴 알렉산드리아 도서관

태양처럼 떠오르며 등장하는 전설의 도서관

항구도시 알렉산드리아는 광활한 지중해를 바라보며 나일강 북쪽에서 문명의 발상을 목격한 이집트에서 두 번째로 큰 도시이다. 해안 대도시 중심 알렉산드리아에는 세계 최대 규모인 뉴 알렉산드리아 도서관이 있다. 지식의 성역이었던 발자취를 새 건물의 눈부신 공간에서 그 연속체를 발견하는 역사의 기록실이다. 고대 알렉산드리아 도서관은 세계 각처에서 모인 철학 및 과학자, 학자, 시인이 모여 인간의 삶의 영역을 넓혀 탐구하는 지식과 학문의 요람이었다. 최초로 국제학자들이 학문을 연구할 수 있는 공간을 제공하여 새로운 지식을 기록한 결과물을 집대성해 보관했었다.

2,000여 년 전 소실되어 역사의 뒤안길에 묻혔던 알렉산드리아 도서관이

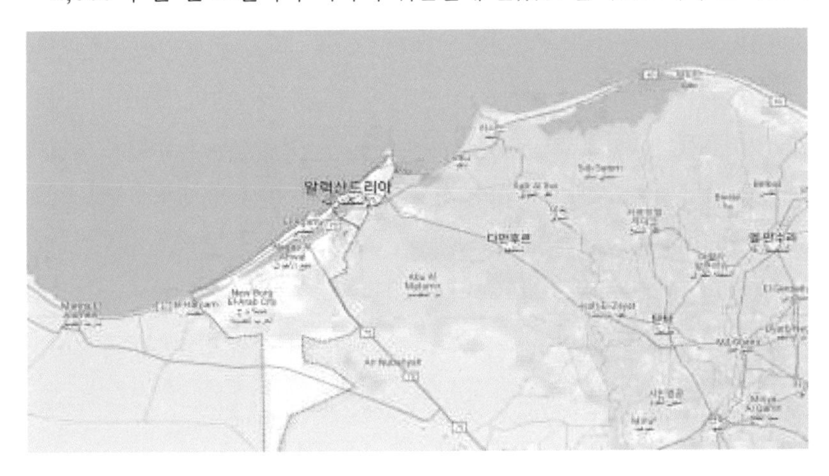

떠오르는 태양처럼 2002년 10월 16일 현대 아이코닉 건축으로 재건됐다. 지구 곳곳에서 지식을 찾는 사람들의 안식처인 뉴 알렉산드리아 도서관(Bibliotheca Alexandrina)은 지식을 추구하고자 하는 노력의 결과로 태어났다. 이 공공적 프로젝트가 착수하는데 모스타파 엘 아바디(Mostafa El-Abbadi 1928~2017)의 중추적인 역할이 컸다.

이집트의 아이코닉 건축 뉴 알렉산드리아 도서관

모스타파 엘 아바디는 이집트 알렉산드리아 대학교를 졸업했으며, 영국 케임브리지 대학교에서 이집트 국비 장학생으로 공부하며 고대사 박사학위를 취득했다. 그레코로만(Greco-Roman) 연구 전문 교수이며 이집트의 역사학자로 활동했다. 특히 전설적인 알렉산드리아 도서관에 중점을 두고 연구하며 최고의 권위자로 알렉산드리아 도서관이 재건하기까지 일생을 바쳤다.

아바디는 1972년 알렉산드리아 대학 강연에서 오래전 역사의 두루마리를 풀어내는 것처럼 세계적인 도서관 건립에 대하여 말했다. 그는 알렉산드리아 도서관을 집중적으로 연구하며 고대의 유구한 전통을 잇는 현대식 공공 도서관 건립의 필요성을 주장했다. 유네스코에 의해 그의 저서 '알렉산드리아 고대 도서관의 삶과 운명(Life and Fate of the Ancient Library of Alexandria)'을 출판했고 5개 국어로 번역됐다.

세계 여러 나라에서 수많은 강연을 하며 알렉산드리아 과거의 웅장함과 미래 세상을 형성하는 아이디어의 힘에 대한 확고한 믿음을 구체화하고자 했다. 공공 기관으로서 알렉산드리아 도서관 재건에 대한 프로젝트는 단지 건축만을 요구하는 것이 아니었다. 고대인의 유산을 존중하고 지식 추구의 공간을 육성하기 위해 이집트 정부를 설득하며 지원 요청을 했다.

고대 알렉산드리아 도서관의 유구한 발자취를 따라 재현한 뉴 알렉산드리아 도서관

1974년 미국의 37대 대통령 리차드 밀하우스 닉슨(Richard Milhous Nixon)이 알렉산드리아를 순방 중에 고대 유적지를 돌아보며 엉뚱하게 역사의 연대기에서 없어진 알렉산드리아 도서관 관람 요청을 했다. 시간

속에 묻힌 도서관을 보고 싶다는 닉슨의 언급은 현대식 알렉산드리아 도서관을 건립하는 데 운명적 계기가 되는데 일조했다. 1980년 호스니 무바라크 이집트 대통령 부인 수잔 무바라크는 잠재적 불씨를 피워 뉴 알렉산드리아 도서관 건립을 위한 행동 촉구에 나서 국제적 관심을 불러일으켰다. 마침내 도서관 건립을 위해 유네스코 후원 재건 기구가 발족했다. 1986년 유네스코의 재건 조직이 탄생하며 꿈이 현실이 되는 길이 열렸다. 공공 지원이 확정돼 전설적인 알렉산드리아 도서관이 현대식으로 건립하게 됐다.

지중해와 맞닿은 뉴 알렉산드리아 도서관 외부

유네스코는 알렉산드리아 신 도서관을 건설하기 위해 세계 각국 지원을 받아 1995년 착공에 들어갔다. 도서관의 위치는 고대 알렉산드리아 도서관이 있었던 역사적인 자리로 추정하고 있는 부지에 세워졌다. 알렉산드리아 대학교는 4만 5,000㎡ 부지를 기증했다. 총공사비 소요 비용은 3억 5,000만 달러 정도이다. 이 중에서 달러 중에서 아랍 산유국은 건축 6,500만 달러를 기부했다. 알렉산드리아 공동기구가 나머지 금액을 모금하여 비용을 충당했다. 일본, 독일, 프랑스 등 도서관 운영에 필요한 첨단설비와 시스템을 지원하여 국제적인 관심과 노력으로 복원하는데 협력했다.

이집트 정부와 유네스코가 협력한 프로젝트

1988년 6월 26일 이집트 대통령 호스니 무바라크와 유네스코 사무총장은 도서관의 주춧돌을 놓았다. 유네스코는 뉴 알렉산드리아 도서관을 짓기 위해 국제 현상 설계 공모를 개최했다. 출품한 77개국 524개 작품 중에서 노르웨이 스노헤타(Snohetta) 건축팀이 당선됐다. 뉴 알렉산드리아 도서관은 11층 규모이며, 2,000명을 수용할 수 있는 2만㎡의 열린 열람실은 도서관 면적 반 이상을 차지하며 전 세계에서 가장 큰 규모이다. 지름 160m, 높이 32m, 지하 깊이 12m의 거대한 원통형 형태이다. 박물관 4개, 학술연구센터 13개, 갤러리 19개가 있다. 400만 권의 책 보관이 가능하며 최대 800만 권까지 콤팩트 스토리지 활용이 가능하다. 천체투영관, 콘퍼런스장, 정보 과학 학교 등 다양한 문화 보존 시설 및 교육 기능을 갖췄다.

뉴 알렉산드리아 도서관 열람실

1990년 10월 이집트 정부와 유네스코는 알렉산드리아 도서관 프로젝트 협정 체결을 하고 국제적인 기틀을 마련했다. 부지에서 유적과 유물이 발견되어 건축 과정이 지연되었으나 1994년 첫 공사가 시작됐다. 역사 속에 잠식해 있던 알렉산드리아 도서관은 문명을 거슬러 올라 현대적 디자인에 시대의 초월함을 담아냈다. 뉴 알렉산드리아 도서관 공공 프로젝트는 어려운 고비를 이겨내고 세계의 찬사와 관심을 받으며 30년 만에 개관했다. 고대 지중해 지역의 문화와 학문적 지식을 일깨우기 위해 오랜 기간의 노력이 결실을 얻었다. 사라졌던 도서관이 세상에 다시 태어나며 세계 각 나라의 고유한 언어표현을 담은 외관으로 알렉산드리아 학예 도시의 아이코닉 건축이 됐다.

고대 알렉산드리아 도서관과 새로운 문화의 탄생

기원전 334년 마케도니아의 왕 알렉산드로스(B.C356~323) 3세는 그리스 도시 국가들을 통솔하여 동방 원정길에 오르며 세력을 확장했다. 새로운 제국들을 세우며 그 정복 과정에서 기원전 331년 알렉산드로스 대왕은 이집트 나일강 유역 파로스 섬 주변 항구로 적합한 곳에 자신의 이름을 딴 알렉산드리아 도시를 창건했다. 이 지역은 지중해로 진출할 수 있는 선박들이 쉽게 출입할 수 있는 위치였다.

상상 속의 고대 알렉산드리아 도서관

인류 역사에 지워지지 않는 도시의 완성을 못 본채 알렉산드리아 대왕은 323년에 요절했다. 후에 제국이 분할되며 이집트 왕조의 정권을 잡은 프톨레마이오스(Ptolemaeos B.C283~246) 1세는 예술, 역사, 시를 관장하는 여신들의 전당인 무세이온(Mouseion)을 설립했으며 이것이 기원이 되어 알렉산드리아 도서관이 생겨났다.

당시 알렉산드리아 도서관은 지식을 축적하는 장소로 사용됐다. 국제적인 학자들이 모여 다양한 연구가 가능하도록 숙박과 급여를 제공하는 최고 연구기관의 역할을 했다. 지중해와 맞닿는 지리적 항구도시 특성상 파로스 섬을 잇는 국제 무역의 중심지로 세계 각국 서적을 취합하기에 유리한 장소적 장점이 있었다. 과거 자료 수집, 연구기관의 역할을 통해 천문학, 물리학, 수학, 자연과학 등 다양하고 새로운 학문의 연구 결과물을 보관했다. 정확한 지식을 수록하기 위해 원문을 비평하는 학자의 역할이 중요했다. 검증된 내용을 기록한 책을 복사본으로 제작해 세계 부호들에게 판매하여 도서관의 수익도 창출했었다고 한다.

알렉산더 대왕 사후 프톨레마이오스 1세는 그리스의 영향을 받았으며 새로운 동서문화 융합 정책 헬레니즘 문화를 탄생시켰다. 더불어 프톨레마이오스 왕조의 후원으로 알렉산드리아 도서관은 더욱 발전하며 고대 유럽 문화의 진원지가 됐다. 주변 국가들과 교역이 활발해지며 상공업이 성행하여 이로 인한 경제적 성장은 곧 도시의 성장으로 이루어졌다. 파피루스(Papyrus)가 생산되어 더욱더 다양한 책의 복사본을 본격적으로 만들어 원본 두루마리로 보관했다. 약 50만 개의 파피루스 두루마리를 소장했던 이 도서관은 각국에서 온 학자들로 늘 붐볐다고 한다.

이곳에서 기하학의 창시자이며 수학자 유클리드(Euclid)는 기하학원론을 펴냈고 기하학에 관한 각종 연구자료를 전개했다. 수학자, 천문학자인 아리스타르코스(Aristarchus)는 기원전 지구가 태양 주위에 공전한다는 지동설을 주장했다. 지리학과 천문학 분야의 학자이며 발명가인 에라토스테네스(Eratosthenes)는 지구가 둥글다는 것을 연구했다. 히로피러스(Hiropyrus)는 뇌가 장이나 신체를 조종한다고 밝혀냈다. 이외에도 수많은 자료와 기록들은 훌륭한 학자, 과학자, 발명가 등의 활약상을 알 수 있었다.

알렉산드리아 도서관 상상화

파피루스

다양한 분야에서 새로운 지식을 밝히며 성황을 이뤘던 알렉산드리아 도서관은 어느샌가 시대 속에서 유유히 자취를 감추고 말았다. 정확하게 소실된 원인은 알 수 없으나 전쟁과 종교적 박해로 인한 방화, 침략, 점령, 칙령 등의 가설로 추정하고 있다. 아주 오래전 전설 속의 존경 대상이었던 알렉산드리아 도서관은 인류 문명사의 가장 위대한 역사와 유산에 대한 가치를 인정받아 현대 도시의 아이콘으로 극적인 부활을 이뤄냈다.

알렉산드리아 도서관의 상징적인 부활

현대 아이코닉 건축은 위대한 세계 문화유산의 결정체이다. 고대의 지적 향유를 품은 뉴 알렉산드리아 도서관은 가장 화려했던 항구도시를 학문 강국으로 배움과 지식의 새로운 상징으로 되새김하는 역사를 재생산했다. 노르웨이 예술가 요룬 산네스(Jorunn Sannes)와 조각가 크리스티안 블리스타드 (Kristian Blystad)가 협력하여 거대한 조각적 예술품을 창작했다. 거대한 화강암에 새겨진 텍스트는 독창적인 타이포그래피 디자인기법으로 시각적 전달을 원 모양에 강조했다. 인간 실존의 기본적인 연속성을 원으로 표현해 과거, 현재, 미래가 영원히 이어지는 지속성을 의미했다.

수작업한 예술적 창작은 6,000㎡에 달하는 외부 표면에 세계 고유언어를 역사적 맥락과 함께 프로젝트에 적용했다. 4,000여 개의 고유문자를 포함하여 기호, 음악, 수학 표기법, 점자, 바코드, 알파벳 등 세계적으로 알려진 문자 체계를 벽에 조각했다. 다양한 아이콘이 새겨진 건축의 표면은 약 10,000년의 역사를 함축적으로 상징하고 있다.

아이코닉 건축은 외관에서 풍기는 미적인 아름다움에 매료된다. 태양이 바다에서 떠올라 다시 일몰로 사라짐을 연상해 건축가는 '삶의 순환'을 상징적으로 의미했다. 건물 벽에 특정한 규칙과 순서에 상관없이 자유롭게 120개 언어로 비문을 새겼다. 전 세계 애서가들의 메카로 떠오른 뉴 알렉산드리아 도서관의 초현대적인 디자인은 학습과 문화를 상징하는 건축 아이콘으로 실현했다.

뉴 알렉산드리아 도서관 외벽 타이포그래피 디자인

인류 역사의 발자취를 따라온 뉴 알렉산드리아 도서관은 문자와 기호의 콜라주 표현에만 그치지 않았다. 고대 자연 층에서 영감을 받아 문화와 자연이 융합하며 지름 160m 타원형이 물을 향해 기울어진 기하학적 볼륨이 침식하는 느낌은 지난 시대를 층으로 나타냈다. 반면 32m 높이가 극적으로 치솟은 형태는 건물의 역동적 에너지를 미래와 연결했다.

전통을 되살리며 환경을 고려한 지속가능한 디자인

뉴 알렉산드리아 도서관 디자인은 새로운 역사가 외벽에 새겨져 있다. 풍토적 재료의 80% 이상이 현지에서 생산됐다. 6,500개에 달하는 화강암 패널의 복잡한 모자이크를 형성한 외벽에는 다양한 이야기로 꾸며가기 위해 새로운 기술이 개발됐다. 돌의 두께는 약 20cm, 높이 1~2m, 넓이 1m이다. 지붕은 알루미늄과 유리 패널을 이용한 패턴으로 펼쳐져 보호막 기능을 하고 햇빛과 바람을 이용해 편안하고 상쾌함을 불러일으킨다. 자연광이 적당히 내부 공간에 들어와 눈이 부시지 않으며 직사광선이 노출되어 책이 손상되지 않도록 디자인했다.

뉴 알렉산드리아 도서관 외부 상징물

이집트 전통 주택 창문의 모티브에서 비스듬한 채광창을 섬세하게 설계해 최적의 환경을 구축했다. 지속가능한 디자인의 개념이 꽃피기 시작한 지 10여 년의 흐름 속에 계획된 뉴 알렉산드리아 도서관은 환경적 책임을 건축의 본질에 두고 주변 환경과 조화라는 개념을 수용했다. 21세기 건축 개념에 중점을 두어 인류사적 시대를 앞서가는 아이코닉 건축의 가치를 부여했다.

알렉산드리아 도서관(Bibliotheca Alexandrina)은 고대 그리스 시대에 있었던 전설적인 도서관의 부활을 상징한다. 아이코닉 건축 뉴 알렉산드리아 도서관은 학습과 연구, 문화 및 다양한 교류의 중심지로 고대의 명성을 되찾고 도시를 상징하는 랜드마크가 됐다. 최초의 국제도서관이었던 알렉산드리아 도서관은 세계 지식을 모아 다양한 정보를 기록하는데 긴 시간 동안 거침없이 비용을 투자했다. 알렉산드리아의 정신, 시대를 뛰어넘어 꿈을 꾸는 개척자들의 기풍을 압축하는 아이코닉 건축은 인류의 위대한 발명을 보고하는 물리적 상징물이다.

우리는 인공지능, 사물인터넷, 빅데이터 등 최첨단 디지털 기술의 혁신적 변화를 일으킨 4차 산업혁명과 융합한 시대에 살고 있다. 21세기 첨단 도구들은 인류가 저장하는 빅데이터 분석을 통해 사회 문제 대부분에 적용한다. 뉴 알렉산드리아 도서관은 지중해 연안에 광대하고 우수한 과학기술 문명의 최첨단 시스템을 갖춘 디지털 도서관이다. 문명의 발자취가 후대에도 찬란히 빛나게 될 것이다. 아이코닉 건축은 인류가 성취한 문명의 장치를 확고히 하는 집단적 지혜를 담아 미래를 형성하고 있다.

03 시드니 : 오페라 하우스

호주의 시작 도시 시드니

시드니는 자연경관이 독특하고 온난 습윤 기후 조건이며 도시 인근에서 깨끗한 해변을 즐길 수 있는 아름다운 항구도시이다. 호주의 핵심적인 장소 시드니항은 천혜의 요건을 갖추고 있다. 낭만적인 풍경과 레스토랑, 노상 카페의 행렬은 항구의 아이콘 시드니 오페라 하우스(Opera House)로 향하는 여행자들의 발걸음을 더욱 설레게 한다. 더불어 둥근 아치 모양 하버 브리지(Harbour Bridge)가 항구를 가로지르며 도시와 해안 주변의 자연미와 어우러지고 있다.

시드니 오페라 하우스

인간을 위한 창조물 오페라 하우스와 하버 브리지가 환상적 조화를 보여주고 있기에 시드니 항구가 더욱 매력적인 모습이 된다. 세계에서 가장 아름다움을 자랑하는 3대 미항 타이틀을 가지고 있는 시드니항은 리우데자네이루 항, 나폴리 항과 더불어 감탄을 불러일으키는 빼어난 곳이다. 아이코닉 건축은 주변 환경과 장소에 따라 그 가치가 더욱 발현되며 도시 전체를 함축한 랜드마크가 된다.

시드니는 도시가 세워지기 전에는 바위가 많고 황량한 들판이었지만 환상적인 경치를 배경으로 예술, 문화, 경제, 사회적 자본이 풍부한 도시로 성장했다. 호주의 역사는 오스트레일리아 뉴 사우스 웨일스(New South Wales)주의 주도 시드니에서 시작됐다. 호주의 관문인 시드니는 세계 다양한 국가에서 이민자가 유입되고 있으며 국제 이주자들의 인구 비율이 증가함으로 인구밀도가 가장 높다. 글로벌 메트로폴리스인 시드니는 비즈니스 서비스, 금융, 통신, 도소매 등 다국적 기업들이 글로벌 비즈니스를 하는 경제와 금융의 핵심적 장소이며 문화 및 관광의 허브이다.

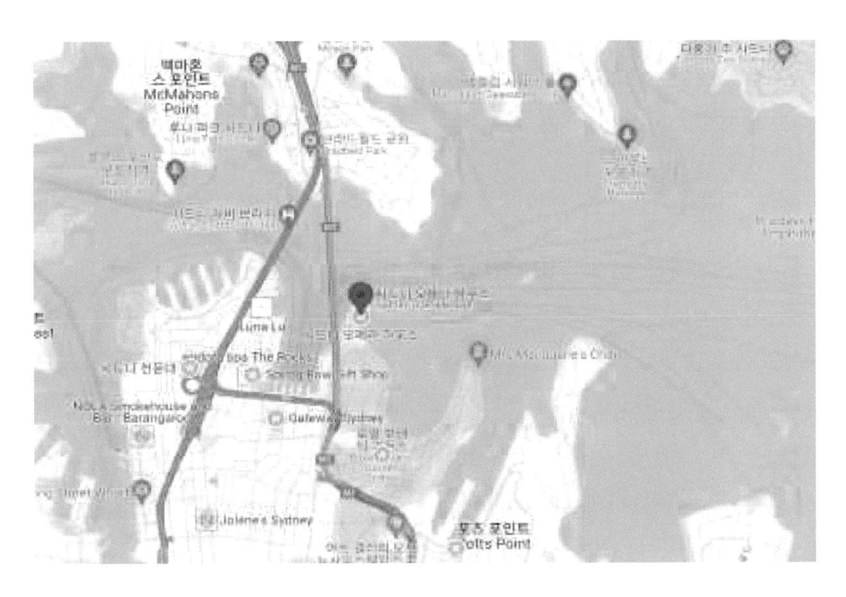

시드니 중심 업무지구 외곽에는 크고 작은 만으로 둘러싸여 있다. 조용하고 작은 해변부터 관광명소로 유명한 해변이 많다. 휴양할 수 있는 카페, 레스토랑, 기념품 가게 등 여러 가지 요소가 골고루 갖추어 있다.

오스트레일리아(Australia)는 오세아니아에서 가장 큰 나라이며 세계에서 면적이 6번째로 넓은 나라이다. 환경과 자연, 인권, 복지, 여가 등 조화롭게 갖추어져 세계 최고의 휴양지 및 살기 좋은 나라 순위에서 상위를 기록하고 있다. 한국에서는 호주라고 부르는 명칭이 익숙하다. 오스트레일리아와 호주 두 가지를 공식 지명으로 사용한다. 호주는 대륙 전체를 차지하고 있는 유일한 나라이다.

4만여 년 전부터 오스트레일리아 대륙에 애버리지니 원주민이 거주하고 있었다. 17세기 네덜란드 탐험가들이 호주 대륙을 처음 목격했다. 영국인 탐험가도 호주 대륙을 발견하였으나 정착지로 삼지는 않았다. 그 후 1770년 영국의 제임스 쿡 선장이 대륙의 동쪽을 탐험하다가 호주 대륙을 발견하고 '뉴 사우스 웨일스(New South Wales)'라고 이름 지었다. 영국 정부는 죄수를 보내 새로운 식민지를 건설하는 정책을 펼쳤다. 1787년 5월 13일 아서 필립(Arthur Philip) 총독을 필두로 배 11척을 구성했다. 첫 함대에 죄수, 군인, 관리인, 일반인들을 이끌고 승선하여 플리머스(Plymouth)항을 출발했다. 8개월의 항해 끝에 1788년 1월 26일 아서 필립 총독 선단은 포트 잭슨(Port Jackson)에 도착했다. 이곳을 시드니 코브(Sydney Cove)라고 지명을 지으며 정착지로 삼아 영국 국기를 세우고 공식적으로 뉴 사우스 웨일스라고 선포했다.

영국계 이주민들은 시드니에 처음 상륙한 유럽인이다. 아서 필립 이후 록스(The Rocks) 지역에 백인들이 정착하게 되었다. 영국은 호주 대륙을 본격적으로 탐험하며 수십 년에 걸쳐 개척한 땅을 정착지로 만들어 식민지화했다. 이후 6개 주도로 발전시키며 오늘날과 같은 국가가 형성됐다. 호주 건국을 알리는 1월 26일 호주의 날(Australia Day)은 국가의 형성을 기념하기 위해 국경일로 지정했다.

호주에 상륙한 영국인

도시 이미지를 변화시킨 아이코닉 건축

아이코닉 건축은 도시를 대변하며 탁월한 문명의 표현으로 세계적으로 유일한 건축이다. 시드니 오페라 하우스는 가장 독보적인 존재감과 20세기 건축물 중에서 가장 뛰어난 공연장 건축의 걸작이다.

시드니의 베넬롱 포인트(Bennelong Point)에 돛과 조개를 연상하는 상징적인 건축물로 도시 이미지를 변화시킨 아이코닉 건축이다. 세계 수많은 오페라 하우스 중에서 시드니의 아이콘 오페라 하우스는 바닷가 주변 경관을 배경으로 최고의 지명도와 조형미를 갖췄다. 공연 예술센터 기능을 세계적 수준으로 인정받고 있어 끊임없이 역할을 감당하고 있다는 점에서 2007년 유네스코 세계 문화유산에 등재됐다.

유럽인들이 시드니에 정착 생활을 시작한 이후 도시의 분위기는 문화를 누릴 시설이 부족했고 오페라 전용 공간이 없었다. 1940년 후반 당시 뉴사우스 웨일스 시드니 교향악단 음악 감독으로 재직 중인 유진 구센스(Eugene Goossens)가 오페라 공연장을 짓자는 제안에 오페라 하우스가 태동했다. 시드니 오페라 하우스가 안착한 베넬롱 포인트(Bennelong

Point)는 원주민들이 조개를 잡아 껍데기를 벼렸던 섬으로 시드니 역사상 가장 오래된 곳이다.

돛을 형상화한 독보적인 존재감 공연장 시드니 오페라 하우스

베넬롱 포인트 지명은 영국인과 호주 원주민 사이에서 가교역할을 했던 원주민 울라라와레 베넬롱(Woollarawarre Bennelong)에서 이름을 따왔다. 섬의 존재 여부를 알리기 위해 베넬롱은 아서 필립 총독에게 집을 한 채 짓고 본인의 이름을 붙여달라고 요청했다. 19세기 초 바다를 메워 섬과 육지 사이 좁은 해협이 매립돼 항구로 발전했다. 호주 정부는 황량한 식민지 이미지를 바꾸고 싶었다. 문화 공간을 건립하여 현대적인 도시 이미지로 개선하려는 정책적 공공계획을 세웠다.

독창성 때문에 논란의 여지를 안고 당선된 디자인

1955년 호주 정부는 베넬롱 포인트(Bennelong Point)에 부지를 정해 놓고 1956년 호주를 대표할 국립 오페라 하우스에 대한 국제 현상 설계 공모를 개최했다. 2개의 공연장과 2가지 기능을 지닌 건축물을 설계하는 제안이었다. 해외에 거주하는 거장 건축가들이 지대한 관심으로 대거 참여했다. 르코르뷔지에, 알바 알토, 프랭크 로이드 라이트, 미스 반 데에 로에, 필립 존슨 등 그 당시 유명 건축가들과 총 28개국 223개의 작품이 공모전에 참여했다. 뉴 사우스 웨일스 정부는 독립적인 심사위원회를 구성했다. 출품작 심사위원은 시드니 대학 헨리 잉햄 애시워스(Henry Ingham Ashworth)가 위원장을 맡았고, NSW 정부 건축가 코브덴 파크스(Cobden Parkes), 영국 건축가 레슬리 마틴(Leslie Martin), 핀란드계 미국인 건축가 에로 사리넨(Eero Saarinen) 총 4명이었다.

공모전 제출 드로잉 일부

1957년 1월 29일 모든 참가자를 물리치고 38세 덴마크 건축가 예른 웃손(Jorn Utzon)의 설계 디자인이 최종 채택됐다. 처음엔 공모 지침을 지키지 않아 실격 처리됐지만 뒤늦게 심사에 합류한 심사위원 에로 사리넨(Eero Saarinen)이 탈락자 작품을 검토하다가 웃손 작품을 보고 비범함과 독창성을 극찬하며 다른 심사위원들을 설득하여 재검토했다.

투시도도 없는 상태에서 웃손이 제출한 제안은 몇 장의 스케치 정도였고 부지와 도면도 맞지 않았다. 그의 당선은 파격적인 심사 결과이다. 세계 건축계에서는 놀라움을 금치 못했다. 공학적인 요소가 반영되지 않은 디자인이 건축으로 가능한지 의문이 제기되기도 했다. 독창성 때문에 논란의 여지를 예상했음에도 불구하고 심사위원들은 디자인의 장점을 살리는데 확신했다.

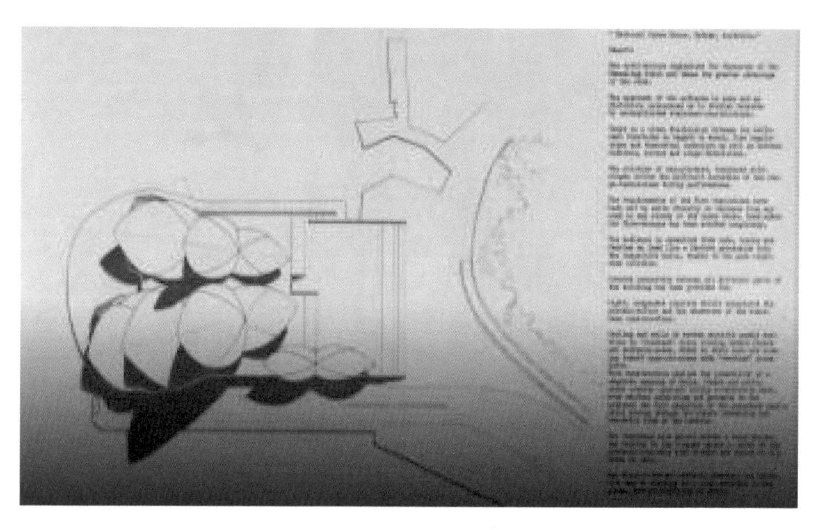

Jorn Utzon 공모전 참가 이미지, 1956

웃손의 작품은 참가한 경쟁자들의 출품작과 다르게 베넬롱 포인트 항구의 지형을 고려하여 다양한 각도에서 조각적인 설계 디자인을 구성했다. 콘서트홀은 독특하게 나란히 배치했고, 시드니 항구의 절벽과 배의 돛을 연상시킨 캔틸레버 구조는 베넬롱 포인트 끝 위로 돌출됐다. 시드니 항구가 품고 있는 무한한 잠재력을 반영한 웃손의 조형적 디자인은 특출났다. 당시 명성이 자자한 건축가들을 물리치고 무명의 건축가 설계안이 채택된 자체만으로 큰 화제가 됐다.

기술의 한계를 극복한 실험적 건축

뉴 사우스 웨일스 정부는 여론 반대를 우려하여 오페라 하우스 작업 진행을 서둘렀다. 최종 디자인 설계가 완성되지 않은 상태에서 공사를 시작했다. 3단계로 구축한 프로젝트 과정은 1단계 기단 공사 (1959~1963), 2단계 콘크리트 셸(1963~1967), 3단계 외장 유리 벽 및 인테리어(1967~1973) 단계로 나누어 진행했다. 셸구조를 완성하기까지 8년의 공사 기간이 걸렸고 지붕에 사용할 세라믹 타일을 특수하게 개발하는데 3년 이상 걸렸다. 오페라 하우스의 예정된 공사 기간은 4년이었고 공사 예산은 700만 달러였다. 그러나 건축 공사 기간은 10년이 늘어났고 건축비용은 1억 200만 달러가 들어 예산보다 10배가 초과했다.

시드니 항구 전경

건축가의 아이디어보다 기술의 실현이 어려웠던 당시 상황에서 공사 기간이 연장되면 당연히 증가하는 공사비의 비중이 커졌다. 설계자이며 수석 건축가인 예른 웃손은 곤경에 빠졌고 많은 비난을 감당했다. 삼면이 바다로 둘러싸인 항구에 공공공간을 만들어 도시의 상징이 된 시드니 오페라 하우스는 기술의 가능성을 실험한 아이코닉 건축이다.

1959년 3월 2일 첫 번째 1단계 기단 공사에서 두 가지 문제에 직면했다. 먼저 베넬롱 포인트의 지질이 정확하게 조사되지 않아 구조물의 무게를 지탱하기에 부적합했다. 불안정한 암석에 콘크리트 기초를 세우는 데 들어간 비용은 350만 파운드를 초과했다. 다음으로 아직 책정되지 않은 지붕의 무게와 공사를 시작하기 전에 설계가 완성되지 않았다는 점이다.

완전하지 않은 설계는 공사를 진행하면서 시행착오가 연속적으로 벌어졌다. 이를 보완하기 위해 재건한 1단계 공사는 예정 기간보다 2년 지연된 1963년 2월에 완공했다. 베넬롱 포인트 부지에 포디움(Podium)을 세웠다. 수평적 기단 부분은 고대 문명에서 영감을 받아 피라미드에서 모티브를 가져왔다. 남반구에서 가장 큰 콘크리트 구조물은 경외감을 주었다.

1963년 2단계 지붕 공사가 시작됐다. 건축가 예른 웃손은 공간을 창조하는 아이디어를 조각적인 형상으로 실현하려 했다. 이러한 재능은 높은 평가를 받았지만 실제로 2단계 셸(shell) 지붕의 기하학적인 셸구조 문제를 해결하기 위해 여러 차례 반복 실험과 전문가와 논의하며 진행해 나갔다. 예른 웃손은 오렌지 껍질을 벗기다가 영감을 받았다. 조각난 14개의 지붕을 합치면 구 모양이 완벽하게 된다는 것이었다. 조개껍질을 닮은 10개의 반구형 볼트 구조로 곡면 지붕을 실현할 기술의 한계를 극복하는 구조를 찾아냈다. 마침내 구면 기하학의 원리를 통해 아이디어 디자인을 도출하고 기술적으로 융합했다.

오페라 하우스 셸

복잡한 기하학적 셸에 대한 구조해석을 위해 세계 최초 컴퓨터 지원 프로그램을 사용해 구조설계에 대해 검증했다. 오페라 하우스는 지붕 셸구조는 뼈대를 만드는 부재와 외벽을 구성하는 부재를 현장 생산과정을 거쳐 조립하는 기술적 특징을 반영했다. 그 당시 획기적인 방법으로 풍동실험까지 거쳐 바람의 방향과 세기가 셸에 영향을 주는지 확인했다.

예른 웃손은 오페라 하우스에 시드니 항의 물빛 바다와 푸르고 맑은 하늘을 담아내어 효과적인 대조를 이루고자 했다. 시드니 오페라 하우스의 돛 지붕은 2,194개의 립 프리캐스트 콘크리트(ribbed precast concrete) 구조체를 만들어 세라믹 타일로 마감했다. 야외 건축 실험 연구실을 방불케 하는 다양한 실험적 건축을 수행했다. 웃손이 원하는 빛깔을 표현하기 위해 세라믹 타일의 질감과 색깔 작업에 공을 들였다. 스웨덴 회사 호가나스(Hoganas) 에서 3년간 연구 끝에 건축가의 의도를 표현한 '시드니 타일'을 성공적으로 개발했다.

미묘한 광택으로 눈부심을 방지한 타일이 특징인 오페라 하우스

1,056,006개의 12cm 정사각형 세라믹 타일을 쉐브론 패턴으로 구성했다. 별도의 청소를 하지 않고 빗물로 자연스럽게 오물이 씻기도록 만들어졌다. 광택이 있되 빛이 반사되어 눈이 부시는 현상을 방지하기 위해 일본 도자기에서 영감을 얻어 제작에 적용했다. 미세하게 부순 자갈과 고운 점토를 혼합했다. 타일 색은 무광택 아이 보리와 미묘한 광택 흰색 두 가지를 조합해 아름다운 돛 모양으로 덮었다.

1965년 뉴 사우스 웨일스 주지사가 바뀌게 되자 새로운 정부는 공공사업 프로젝트에 대해 비판이 커졌다. 비현실적이라는 디자인을 두고 시간의 소요와 비용의 과다 문제로 갈등을 겪었다. 2단계 콘크리트 셸 공사가 완료될 즈음 1966년 2월 결국 웃손은 사퇴하고 시드니를 떠났다. 이후 주정부 공공성은 호주 출신 피터 홀(Peter Hall)을 중심으로 데이비드 리틀모어(David Littlemore), 리오넬 타드(Lionel Todd) 3명의 건축가를 임명하여 까다로운 프로젝트를 이어갔다.

오페라 하우스 공연장

3단계는 오페라 하우스 전체 인테리어이다. 벽과 계단에 사용한 재료는 타라나(Tarana) 지방에서 대부분 채색된 분홍빛 혼합 화강암 골재 패널을 구성하여 덮었다. 중요 내장 마감재는 뉴 사우스 웨일스 북부 워초프 지역에서 공급한 호주 자작나무 합판과 오프폼 콘크리트, 브러쉬 박스 집성재를 사용했다. 웃손의 설계안을 따라가며 최대한 비용을 절감하기 위해 외부 디자인은 유지하면서 내부 디자인을 변경하며 비용을 최소화했다. 음향 설계로 유명한 빌헬름 요르단(Villhelm Jordan)은 탁월한 음향을 경험하도록 심혈을 기울여 공간과 소리의 조화를 위해 작업을 했다. 시드니 오페라 하우스는 14년 만에 우여곡절을 겪으며 극적인 프로젝트를 완성했다.

길이 183m, 가장 넓은 폭 120m, 가장 큰 셀의 높이 65m이다. 해저 25m 깊이에 세워진 콘크리트 받침대 588개가 총 16만 톤의 건물 무게를 지탱하고 있다. 대지 17,800㎡ 규모이다. 공공 오페라 공연장 공사를 위해 당시 기술적 난제를 풀어나가기 위해 다양한 노력을 기울였다.

시드니 오페라 하우스는 현대 건축 기술의 발전에 영향을 미치며 복잡한 기하학적 치밀함과 포물선의 조형미를 공학적으로 풀어내어 조각적으로 표현한 세계에서 유일무이한 건축 작품이다.

1973년 10월 20일 영국의 여왕 엘리자베스 2세가 참여한 가운데 개관식을 했다. 의미 깊은 준공식에 건축가 웃손은 초대받지 못했고 이름조차 거론하지 않았다고 한다. 만약, 웃손의 기발한 디자인이 제외됐고, 경력이 부족하다고 무시되고, 시공이 어렵다고 탈락한 채 버려졌다면 지금의 시드니가 도시의 명성을 떨치고 있을까? 도시의 아이콘이 될 독창적 아이디어의 현실화는 건축가 단독으로 만들어 가는 것이 아니라 정부 및 관련 전문가, 후원자, 사회 전반적인 관심이 필요하다. 극한 상황에서도 성공의 의지를 포기하지 않고 완성한 오페라 하우스 프로젝트는 공공적 가치를 실현하기 위한 공동의 협력이 일궈낸 성과이다.

시드니 오페라 하우스는 세계와 교류하는 문화의 아이콘이며 소통의 매개체이다. 시드니 오페라 하우스에서 가장 큰 공연장 콘서트홀은 2,679석의 좌석이 있다. 15,000개 파이프와 5단 건반으로 이루어진 파이프 오르간은 세계 최대 규모이다. 그 외 드라마극장 554석, 오페라극장 1,547석, 플레이 하우스 398석, 스튜디오 400석, 웃손 룸 210석 6개의 차별된 공연장이 있다.

기념품 상점과 레스토랑 등 1,000여 개의 부대 공간이 있으며 최대 5,000명의 관중을 수용할 수 있는 야외광장으로 구성됐다. 호주 국립 오페라단, 시드니 심포니 오케스트라, 벨 셰익스피어, 국립 발레단, 시드니 시어터 컴퍼니'가 상주하고 있다. 해마다 3,000여 공연이 펼쳐지며 세계적인 규모의 연례행사와 오페라, 발레, 음악, 대중음악 등 다채로운 공연이 이어지고 있다.

시드니 오페라 하우스 준공 이후

계단식 피라미드에서 영감을 받은 오페라 하우스 기단

아이코닉 건축은 도시 이미지를 새롭게 변화시킨다. 오페라 하우스가 완공된 후 시드니는 한순간에 세련된 문화 도시로 변모했다. 아이디어와 현실 그 사이에서 건축이 완성되어 가는 과정은 우연한 발견에서 그 해답을 찾기도 한다. 건축가들은 여행을 통해 영감을 받는 경우가 많다.

웃손도 여행하면서 만난 토착적 건축에 매료됐다. 그의 건축적 사상은 멕시코, 미국, 중국, 일본 등 여행을 통해 체험한 문명과 유적에서 디자인의 원리를 찾기도 했다. 멕시코 마야문명에서 거대한 계단식 피라미드에 영감을 받아 시드니 오페라 하우스는 마치 신전을 올라가는 듯 기단 계단 부분을 연상했다. 건축은 아이디어에 그치지 않고 그것을 실현했을 때 비로소 빛을 보게 된다.

호주는 오페라 하우스를 아이콘으로 내세워 국가의 호감도를 높이며 이미지를 홍보했다. 20세의 건축의 꽃으로 태어난 시드니 오페라 하우스는 사람들의 가슴을 뛰게 한다. 매년 120만 명이 넘는 관람객이 찾는다. 호주 국민의 자부심이 되었고 국가의 위상을 높였다. 1990년 뉴 사우스 웨일스 주 정부는 웃손에게 화해의 손을 내밀었고 웃손은 받아들였다.

1999년 오페라 하우스 보수 및 리모델링 프로젝트를 위한 자문 건축가로 추대했다. 이 프로젝트를 진행하던 웃손은 2003년 하얏트 재단에서 시상하는 프리츠커상(The Prizker Architecture Prize) 수상 명예를 안았다. 프리츠커상 심사위원회는 시드니 오페라 하우스를 20세기의 가장 상징적인 건축으로 뽑았다. 2004년 웃손은 오페라 하우스 기단 안에 있는 연회장을 개조하는데 설계를 맡았다. 그 이름을 웃손 룸(The Utzon Room)이라 지었다.

호주의 위상과 자부심 오페라 하우스

빛의 축제 알록달록 시드니 항구

시드니에서는 매년 5월 하순부터 6월 초까지 시드니의 아이콘인 오페라 하우스를 주인공으로 세계 최대의 '비비드 시드니 페스티벌' 빛의 축제를 화려하게 펼친다. 기후적으로 겨울이 시작되어 일찍 어두워지는 시점이라 관광의 수요가 줄어들어 도시의 활기를 찾기 위한 묘책을 마련한 것이다. 2009년 시작한 비비드 시드니 페스티벌은 빛, 음악, 아이디어 세 가지 융합 축제이며 세계적으로 유명한 이벤트로 특별한 경험을 할 수 있다.

아이코닉 건축은 본질적인 창조물 자체에 높은 가치를 가지고 있다. 현대 과학은 현실적 공간에 가상적 공간을 창조하기 위해 미디어 기술을 융합해 시간과 공간을 초월하는 효과를 발현한다. 인공 빛으로 물들어 버린 밤바다에 환상적인 오페라 하우스는 갖가지 옷을 갈아입으며 수시로 변하며 다채로운 미디어 쇼를 연출한다. 빛의 축제가 진행되는 시간 동안 공연과 쇼에 관중들은 더욱더 고조된 분위기에 사로잡힌다. 건축 그 자체가 예술인 아름다운 시드니 오페라 하우스는 독보적인 인기를 끌며 세계 관광객의 마음을 매료시키는 아이코닉 건축의 몫을 제대로 하고 있다.

인간 삶의 모습은 문화를 통해 바라보고 관찰할 수 있다. 시간의 흐름에 따라 생활 방식과 환경은 계속해서 변하고 있다. 하지만 의식주를 해결하고 삶의 욕구를 실현하고 문화를 추구하려는 인간의 본질은 과거 시대를 막론하고 현대 우리의 모습과 비슷한 양상을 하고 있다. 연극, 영화, 오페라, 음악, 미술 등 문화적 교류를 통해 삶을 회상하고 공감하며 미래를 통찰한다. 시드니 오페라 하우스는 도시의 흐름 속에 유기적인 공공공간으로 시민들과 호흡하고 있다. 호주를 상징하는 이미지를 연상한다면 시드니 오페라 하우스가 바로 떠 오른다. 인간의 삶과 공존하는 현대 건축의 대표작으로 도시를 넘어 한 나라의 아이콘이 된 사실을 입증해 보였다.

시드니 항구와 오페라 하우스 야경

비비드 축제 오페라 하우스 조명

제13장
기념비 건축

01 예루살렘 : 야드 바솀 홀로코스트 역사박물관

영원한 기억

건축은 다양한 장르로 의미를 전달하는 상징적 표현 언어의 매체이다. 기념비적인 건축은 역사적인 사건이나 사회 공동체가 가지는 정체성의 가치를 통해 인류에게 메시지를 전달하기 위해 만들어졌다. 야드 바솀(Yad Vashem)은 600만 명의 유대인이 나치 독일에 의해 대학살의 처참한 희생을 추모하기 위한 기념관으로 설립됐다. 히브리어로 '야드(Yad)는 기억하라는 뜻이고 바솀(Vashem)은 이름'을 의미한다. 억울하게 죽임을 당한 유대인 한 명 한 명을 잊지 않고 기억하고 있다는 의미이다. 야드 바솀의 위치는 이스라엘 예루살렘 헤르츨 언덕 서쪽 해발 804m '기억의 언덕'에 자리하고 있다.

헤르츨 언덕 야드 바솀

홀로코스트(The Holocaust)는 나치 독일이 유대인들을 탄압하고 학살한 대사건이다. 독일 아돌프 히틀러의 나치당이 집권하면서 본격적으로 1933년 시작해 2차 세계 대전에 독일이 연합군에 패전하면서 1945년 5월 끝났다. 근본적으로 나치는 반유대주의였기에 유대인을 표적의 대상으로 삼았다. 나치 이데올로기는 유대인에 대한 증오와 편견으로 정치, 경제, 문화, 사회적으로 비난하며 심지어 독일이 제1차 세계 대전(1914~1918)의 패배한 까닭을 유대인에게 돌렸다. 1933년부터 나치 정권은 유대인에 대한 더욱 과격한 탄압을 하고 강도 높게 대량 학살을 저질렀다.

동성애자를 강제 수용소로 보내 살해했고, 장애인 살해 계획을 세워 무작위로 희생시켰다. 1939년 독일은 폴란드를 침공하며 제2차 세계 대전을 발발했다. 독일은 지배의 폭을 넓히기 위해 이탈리아, 루마니아, 불가리아, 헝가리, 일본과 동맹을 맺으며 잔인하고 가혹한 정책적 조치를 시행해 유럽 전역에 있는 유대인을 대학살 했다. 유대인을 지정된 곳으로 몰아 강제로 거주하는 게토를 실시해 굶주림과 질병, 열악한 시설과 환경에서 전멸 수용소로 보내기 전 지옥으로 가는 길 그 자체였다.

아우슈비츠 포로수용소

최종 해결책 절멸 수용소

1941년 후부터 나치는 유럽 유대인을 학살하기 위해 더 계획적이고 조직적인 '유대인에 대한 문제의 최종 해결책'을 진행했다. 나치 정권은 아우슈비츠, 트레블링카, 베우제츠, 헤움노, 소비보르, 르브린 강제 수용소를 대량 학살 목적으로 건설했다. 폴란드에 아돌프 히틀러와 나치 지도자들, 독일 기관과 조직, 경찰 관료 등 많은 반유대주의자가 다양한 방식으로 끔찍하고 극악무도하게 홀로코스트를 저질렀다. 1942년 독일은 오스트리아, 룩셈부르크, 프랑스, 벨기에, 체코슬로바키아, 폴란드 등 유럽 대부분을 점령했다. 유대인에 대한 체계적인 학살이 더욱더 가속화됐다. 절멸 수용소는 독일의 침공에 점령된 폴란드에 지어졌다. 유럽에서 유대인 인구가 최대로 많다는 이유이다.

강제노동, 생체실험, 가스 중독 학살 등 독일 나치는 유대인뿐만 아니라 독일 정권을 반대하는 의심자들을 표적으로 삼아 독일 사회에 문명적, 인종적, 사회적 해가 되는 이들을 절멸하려고 극단적으로 조치했다.

연합군은 나치의 공격에 맞서 싸우면서 강제 수용소의 포로들을 구했고 죽음의 행진에 있던 유대인을 해방했다. 1945년 5월 7일 나치 독일이 연합군에 항복하고 같은 해 8월 15일에 일본도 항복하며 홀로코스트는 끝이 났다. 죽음의 수용소에서 해방된 생존자들은 나치의 끔찍한 만행을 세상에 폭로했다. 2차대전의 종식과 함께 잔혹했던 홀로코스트는 끝이 났다. 해방 이후 의도적인 굶주림, 질병으로 허약해져 죽음 앞에 다다른 상태로 발견된 수많은 생존자 대다수가 회복하지 못하고 사망했다. 믿어지지 않는 자유를 만끽한 생존자들은 새로운 삶을 찾아가는 과정에서 반유대주의적 위협과 폭력 등 많은 여파의 잔상들에 시달렸다. 홀로코스트는 20세기 인류 역사의 최대 비극적 사건이었다.

유대인 다수민족 이스라엘

이스라엘(State of Israel)은 유대인이 다수민족인 국가이다. 홀로코스트 이후 인구는 약 1천만 명이 줄어들었다. 중동, 서아시아 유대인들은 자신의 나라를 열망하게 됐고 영국으로 독립하며 1948년 5월 14일 건국했다. 유대인 국가 건설을 위해 팔레스타인 지역에서 시온주의 운동에 앞장선 다비드 벤구리온(David Ben-Gurion) 초대 총리는 이스라엘 국가를 선언했다. 이스라엘은 귀환법을 적용하여 유대인이며 누구나 시민권을 받을 수 있도록 허용했다. 이스라엘의 실질적인 수도는 텔아비브이다. 명목상 많은 사람은 유대교의 성지인 예루살렘으로 알고 있다. 예루살렘 옛 시가지와 성곽은 유네스코 문화유산에 등재되었는데 유대교, 기독교, 이슬람교의 성지로 중요한 상징성이 있다고 인정했다.

홀로코스트 희생자 추모비

홀로코스트 이후 다양한 방식으로 희생자를 추모하고 역사를 반성하고 있다. 국제 연합 총회(United Nations General Assembly 2005.11.1.)에서 이스라엘 대표단은 홀로코스트 희생자 추모의 날을 지정하는 것을 발의해 채택됐다. 1945년 1월 27일 아우슈비츠 수용소 해방의 날은 추모의 날이 됐다. 무참히 학살된 희생자에게 경의를 표하며 비극적인 역사를 반복하지 않고 처참한 인종학살을 미연 방지하자는 뜻으로 국제 홀로코스트 희생자 추모일로 UN은 결의했다. 매년 1월 27일 추모의 날은 홀로코스트를 잊지 말고 기억하는 의미로 이스라엘 전역에 오전 10시 추모 사이렌이 울린다. 이스라엘 국민은 2분간 추모 묵념을 하며 애도의 시간을 갖는다.

아픔을 잊지 않고 기억하는 방법

건축은 기억의 산물들을 담아 놓아 역사적 사실을 입증한다. 아이코닉 건축 야드 바셈은 나치가 저지른 추악한 행동에 희생한 고인들을 추모하는 기념관이다. 후대에 교감이 되고 민족의 역사를 기록 보존하기 위한 목적으로 상징성을 부여한다. 위치는 예루살렘에 헤르츨 언덕에 있다. 1953년 야드 바셈 법(Yad Vashem Law)을 제정했다. 이는 다음 세대들이 잊지 않고 기억할 수 있도록 교육 및 연구, 기록, 자료 수집 등 해방 후 홀로코스트 생존자들을 통해 생생한 증언을 서면 자료 및 비디오, 오디오 자료를 수집했다. 홀로코스트에 대한 다양한 아이템을 모아 희생자 개인 정보에 데이터베이스를 구축했다. 야드 바셈 프로젝트는 증언이나 문서 및 증거가 유효하면 지속적 받고 있다.

야드 바셈 홀로코스트 역사박물관은 기존 소규모 전시관을 대체하기 위해 10년간의 프로젝트를 진행했다. 첨단과학 기술적이고 거대 규모로 재건해 2005년 3월 15일 개관식을 했다. 상징적 장소 야드 바셈은 홀로코스트 역사박물관, 희생비, 유대교 회당, 조각 박물관, 어린이기념관, 이름의 전당, 국제학교, 열방의 의인 정원 등 홀로코스트에 대한 다양한 시설로 구성됐다. 홀로코스트를 상기할 수 있는 방대한 자료를 전시하며 잊지 않는 역사를 암시했다. 홀로코스트 추모기념관 중에서 야드 바셈 역사박물관은 핵심이며 세계 최대 규모의 홀로코스트 아이코닉 건축을 영적이고 문화적인 중심지에 구축했다.

야드 바셈 전경

아이코닉 건축은 야드 바셈 홀로코스트 역사박물관처럼 독특한 형태와 크기가 압도한다. 야드 바셈은 기존 기념관의 면적보다 4배인 4,200㎡ 규모로 확장하여 재개관했다. 홀로코스트 역사박물관은 이스라엘 출신 캐나다 건축가 모셰 사프디(Moshe Safdie 1938. 07. 14~)가 설계했다. 길이 200m, 높이 16.5m 삼각 프리즘 터널이 기억의 산을 남쪽에서 관통하여 지하를 뚫고 나와 북쪽으로 돌출한 양 끝이 들려있는 캔틸레버 구조의 철근 콘크리트 건축이다.

유대인들이 홀로코스트의 크나큰 상처를 받았다. 역사적 사실을 건축 디자인에 통합하여 전시 공간과 자료를 통해 방문자들이 홀로코스트 상흔에 비유할 수 있도록 야드 바셈은 상징적 기능의 대상이 됐다. 홀로코스트에 대한 지속적인 의미를 전달하기 위한 건축적 미학이 기념비를 강화하는 공동체의 정신적 표상이다.

야드 바솀 내부 전시 공간 배치

야드 바솀 홀로코스트 역사박물관 내부로 들어가는 방문자는 홀로코스트의 자행을 간접 경험하게 된다. 삼각 프리즘 내부는 10개의 전시실로 구성됐다. 180m 회랑을 따라 양쪽 전시실을 지그재그로 배치해 공간적 대비를 이루었으며 건물 위 채광창을 통해 유입하는 빛과 전시실 안 어둠으로 극명한 명암으로 극적인 심리적 공감을 불러일으켜 실감할 수 있는 대조 공간을 구성했다. 박물관을 입장할 때는 시각적으로 전달되지 않았던 공간들이 진행 방향으로 모습이 나타나 홀로코스트 과정을 주제별로 순차적인 관람을 할 수 있는 시스템으로 만들어 놓았다.

시대를 반영하는 아이코닉 건축

야드 바솀 홀로코스트 역사박물관 마지막 전시 코스는 이름의 전당(Hall of Name)이다. 이름을 기억하자는 의도에서 9m 높이의 원추 구조물에는 희생자의 초상화, 개인 프로필이 수록됐다. 깊이 파인 원뿔 하부는 상부 원뿔을 투영하고 이름을 알지 못하는 희생자까지도 추모하는 것을 상징적으로 의미했다. 홀로코스트를 역사 속에 묻히지 않고 미래에 대한 대비책으로 교훈적 증거를 남겨 놓기 위하여 아이코닉 건축은 시대를 반영한다.

야드 바셈 홀로코스트 역사박물관은 홀로코스트와 디아스포라를 겪으면서 국가를 건국하고 생존과 거주에 대한 입지를 세워가는 데 중요한 프로젝트였다. 2차 세계 대전 이전의 유대 민족 말살 정책에 불가피했던 참극 끝에 UN으로부터 국가를 승인받았으나 또다시 아랍국가들이 국가를 인정하지 않아 4차례 중동전쟁을 겪었다. 험난한 과정을 거치며 결국 국가의 주권을 승인받고 집단적 정체성을 확립하기 위한 국가 프로젝트를 실현했다. 아이코닉 건축은 국가의 정체성을 나타낸다. 야드 바셈은 이스라엘 국가 정체성을 후대에 물려주는 아이코닉 건축으로 국가의 기념비적 프로젝트를 담당하고 있다.

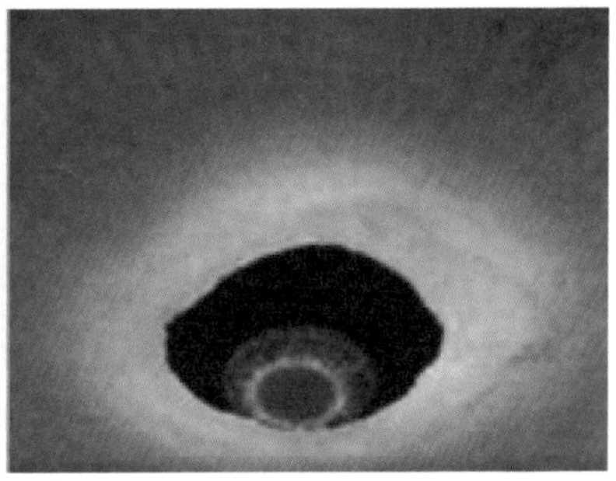

희생당한 유대인 이름을 기억하기 위한 야드 바셈 내부 추모디자인

야드 바셈 홀로코스트 역사박물관은 관광객들이 연간 백만여 명이 찾아오는 명소가 됐다. 아이코닉 건축은 인간의 근본적인 인권을 존중하기 위한 본질이 담겨 있다. 무형의 본질적 가치는 경계를 초월해 기념하는 기억으로 나타난다. 홀로코스트를 기념하기 위한 추도 건축이 세계 곳곳에 있다. 베를린 유대인 박물관, 워싱턴 D.C 미국 홀로코스트 메모리얼 박물관, 베를린 학살된 유럽 유대인을 위한 추모비 등 추모관은 29개 나라에 113여 개가 건립됐다.

02 뉴욕 : 9.11 메모리얼 파크

세계 최대 빌딩 숲의 도시

미국에서 가장 위대한 도시 뉴욕은 전 세계를 선도하는 최대 도시이다. 뉴욕시는 맨해튼(Manhattan), 브롱크스(Bronx), 퀸스(Queens), 브루클린(Brooklyn), 스태튼 아일랜드(Staten Island) 각양각색의 특징을 가지고 있는 자치구(Borough) 5개로 구성됐다. 미국의 최대 도시 뉴욕은 엔터테인먼트, 패션, 금융, 상업, 무역 등이 융합되어 국가 경제의 중추적인 중심지이다. 미국을 대표하는 도시인만큼 세계 문화와 예술이 꽃피며 박진감이 넘친다. 세계 각지에서 온 사람들이 모여 살며 수많은 문화가 생동하고 800개 이상의 언어를 구사하는 다민족을 하나로 묶는 대도시이다.

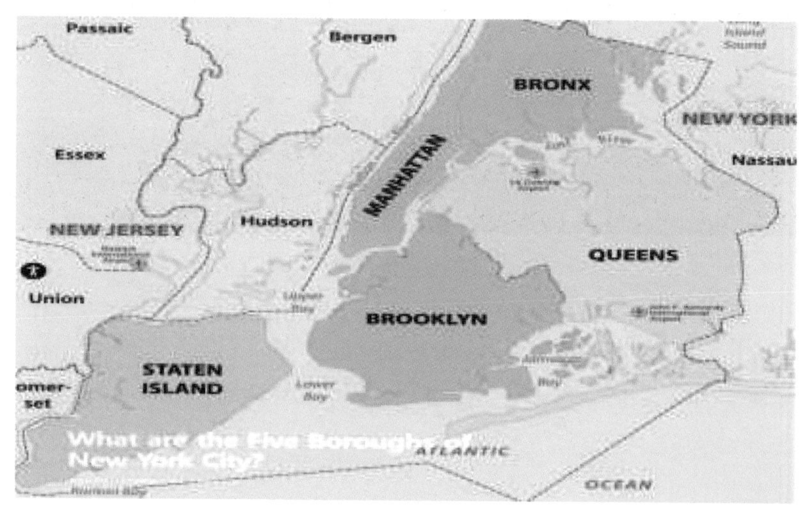

세계 최대 도시 뉴욕의 5개 자치구

뉴욕시는 주요 도시를 통과하는 지리적으로 자연의 관문인 허드슨강 입구에 있어 무역의 도시로 자연스럽게 성장을 거뒀다. 국제무대에서 뉴욕은 상징적인 스카이라인 내에 국제연합본부를 두고 있어 UN 총회 및 국제협력에 증진한다. 번화하고 분주한 뉴욕시의 정수를 그대로 담은 자치구인 맨해튼 한가운데 자연 친화적인 도심 속 공원 센트럴파크가 있다. 드넓은 숲과 고요한 호수가 있는 센트럴파크는 도시민들에게 휴식과 활력을 제공하는 안식처 역할을 한다. 현대 문명의 거대한 빌딩 틈에서 바쁘게 움직이는 뉴욕의 일상에서 마음을 정화하기 위해 찾아가는 거대한 숲은 도심의 빌딩과 대조를 이룬다.

허드슨강과 맨해튼

센트럴파크는 도시에 사는 모든 계층이 공유하는 3.41㎢ 규모로 공공복지를 제공하는 자연 친화적 뉴욕의 아이콘이다. 사람들은 뉴욕을 잠들지 않는 도시라고 말한다. 낮이나 밤이나 끊임없는 잠재력을 품은 도시의 본질에는 인간이 가지고 있는 꿈, 야망이 살아 숨 쉬고 있다.

도심 속 공원 센트럴파크

뉴욕주의 자치구 중에서 맨해튼은 그리드 모양으로 도시가 개발됐다. 1811년 위원회 계획(Commissioner's Plan of 1811) 정책에 따라 암반인 토지를 평평하게 고른 후 균형 있게 분할 공급하기 위해 그리드 배열계획을 시행했다. 도시 발전의 토대가 된 그리드 계획은 도로 중심으로 설계해 비교적 간단한 방법이었다. 도로명은 숫자로 적용하며 수직인 남북 방향 긴 도로 에비뉴(Avenue)와 수평인 동서 방향 거리를 스트리트(Street)로 나누어 체계적인 도시 발전이 가능했다. 초고층 빌딩 및 다양한 건물을 지을 수 있도록 안정적인 지반 조건을 갖추고 있다. 맨해튼은 세계적으로 명성이 자자한 아이코닉 건축이 빌딩 숲 사이 곳곳에 있다. 뉴욕의 인상적인 스카이라인은 전 세계적으로 알려진 독특하고 세련미 넘치는 빌딩들로 도시의 품격을 자아낸다. 맨해튼을 형성한 그리드 체계의 원래 도시 계획 취지는 계속해서 오늘날까지 이어지고 있다.

뉴욕의 쌍둥이 아이콘 세계무역센터

세계무역센터 쌍둥이 빌딩

세계화의 상징인 세계무역센터(World Trade Center, WTC) 일명 쌍둥이 빌딩(Twin Tower) 1 WTC와 2 WTC는 맨해튼 중심에 탁월한 존재감을 가지고 있었다. 세계무역센터 프로젝트의 배경은 1950년대 맨해튼 인근 무역항이 점점 침체하면서 쇠락한 도시 재생이 필요했다. 데이비드 록펠러(David Rockefeller) 체이스맨해튼 은행 회장은 뉴욕 뉴저지 항만청에 세계무역센터 건립을 제안했다. 1961년 뉴저지 항만 공사는 이를 수락했다. 대지면적 6만 4,749㎡ 라디오로(Radio Row) 거리에 세계무역센터 프로젝트를 추진했다. 상점 입주자의 보상 문제 및 뉴욕시와의 세금 문제에 대해 협상을 거쳐 뉴욕시로부터 승인을 받았다. 라디오와 관련된 전자 부품 상가들을 철거한 부지에 1966년 8월 5일 기공식을 했다.

본격적으로 1968년 8월 세계무역센터 프로젝트는 쌍둥이 빌딩 중 1 WTC가 먼저 착공을 시작했다. 1987년 7 WTC까지 7개 건물을 모두 완공했다. 세계무역센터 프로젝트는 지하철역, 지하 대형 쇼핑몰 등 대규모 복합단지로 구성되어 마무리됐다.

세계무역센터 단지 배치도

1 WTC는 높이 417m의 지상 110층, 지하 6층 사무실로 세계 무역센터 건물 중 가장 높았으며 첫 번째로 완공한 건물이다. 2 WTC는 높이 415.1m의 110층, 지하 6층의 사무실과 전망대가 있었다. 3 WTC는 높이 72m, 지상 22층, 지하 6층 호텔이었으며, 4 WTC와 5 WTC는 지상 9층, 높이 36m, 저층 사무실이며 쇼핑몰과 지하 6층에는 지하철역이 있었다. 또 6 WTC는 지상 8층, 높이 28m, 지하 6층의 사무실이었다. 7 WTC는 지상 47층, 높이 186m 사무실 건물이 세계무역센터 단지로 구성됐다.

뉴욕의 쌍둥이 아이콘을 탄생시킨 건축가는 미노루 야마사키(Minoru Yamasaki 1912~1986)이다. 시애틀에서 일본인 부모에 의해 태어났으며 워싱턴대학교와 뉴욕대에서 건축 학위를 취득한 후 건축디자이너로 다양한 경험을 쌓았다. 1950년대 본인의 사무실을 개업해 다수의 건축 작품을 만들어 냈다.

세계무역센터 WTC 쌍둥이 빌딩은 역작 중 하나였다. 엠파이어스테이트 빌딩보다 높아 1970년부터 1973년까지 세계에서 제일 높은 마천루의 기록을 보유한 고딕 리바이벌 유형의 모더니즘 건축이다. 대형 비즈니스 세계무역센터 쌍둥이 빌딩은 미국 경제의 상징적 공간이었다. 엠파이어 스테이트 빌딩과 크라이슬러 빌딩, 윌리스 타워 등과 함께 뉴욕의 대표적 랜드마크였다. 유명한 빌딩은 영화 및 광고 마케팅 홍보 매체에 자주 등장한다. 쌍둥이 빌딩 역시 미디어 광고 매체를 통해 도시 곳곳에서 대중과 소통하는 아이코닉 건축이었다. 뉴욕시에서 가장 거대한 110층(1,360ft) 쌍둥이 빌딩은 430개 회사, 약 3만 5천여 명의 매일 방문자가 북적이는 상업 및 무역의 중심지였다.

9.11 테러 공격의 표적

세계무역센터(WTC) 쌍둥이 빌딩은 미국 국가와 뉴욕 도시의 이미지를 상징한 아이코닉 건축이었다. 국내를 넘어 세계적인 관심의 대상인만큼 화제와 폭탄 테러, 강도 사건 등 수난에 시달리기도 했다. 급기야 세상이 놀라는 일이 일어났다. 2001년 9월 11일 화요일 아침 갑자기 심상치 않은 굉음이 들리며 비행기 한 대가 쌍둥이 빌딩 중 1 WTC에 충돌했다. 출근길 놀란 사람들은 비명을 지르며 경악했다. 첫 번째 하이재킹당한 아메리칸 항공 11편이 세계무역센터 북쪽 빌딩 1 WTC 93층과 99층 사이에 충돌했다. 테러가 발생한 시간은 오전 8시 46분경이었다.

9.11 테러: 화재가 난 세계무역센터

쌍둥이 빌딩 중 1 WTC가 불에 타면서 내뿜는 검은 연기는 도시를 뒤덮었다. 끔찍한 모습이 생방송 되며 전 세계의 이목과 카메라 초점이 맞춰져 있는데 잇달아 또 한 대 비행기가 2 WTC와 충돌하는 사태가 벌어졌다. 엄청난 폭발을 일으키며 파편들이 도시를 뒤덮으며 쏟아 내렸다. 1 WTC 충돌 17분 후 9시 3분경 두 번째 납치된 유나이티드 항공 175편이 세계무역센터 남쪽 빌딩 2 WTC 77층과 85층 사이에 충돌하는 장면이었다. 말로 표현할 수 없는 경악의 광경이 벌어졌다. 이슬람 세력 알카에다의 치밀 계획으로 저지른 충격적인 테러 공격이 연쇄적 발생했다. 사람들의 비통한 절규의 순간을 목격하며 건물이 파괴되는 초유의 사태가 벌어진 상황이 전 세계를 긴장시켰다. 악몽의 도시는 순식간에 시커먼 연기와 화마에 휩싸였고 남쪽 빌딩 2 WTC가 엄청난 굉음을 내며 충돌 56분 지난 후 9시 59분에 붕괴하고 말았다. 속수무책으로 102분 후 북쪽 빌딩 1 WTC도 10시 28분에 처참히 무너져 내렸다.

9.11 테러: 무너진 쌍둥이 세계무역센터

급박한 상황은 계속됐다. 많은 사람이 절규하는 비명과 함께 목숨을 잃어가는 상황에서 9시 37분 세 번째 납치된 아메리칸 항공 77편이 미국 국방성 펜타곤에 돌진하여 64명 탑승자가 참혹하게 사망하는 파괴적 테러가 연속됐다. 네 번째 납치된 비행기 유나이티드 항공 93편 기내에서는 필사적으로 저항하는 승객들과 테러리스트와 긴박한 사투가 벌어졌다. 끝내 펜실베이니아주 생크스빌 들판에 10시 3분경 추락했다. 세상에 있을 수 없는 순간을 뉴스와 언론 매체를 통해 접하며 안타까움에 통탄해야 했다. 7 WTC도 5시 21분 무너졌다. 나머지 세계무역센터 건물들과 주변에 있는 건물이 연쇄적으로 무너지고 심각하게 파손된 일이 벌어졌다.

순식간에 일어난 폭발과 화염에 휘말린 맨해튼은 온통 아비규환이었다. 엄청난 혼란과 비극의 현장에서 건물 내부에 있던 사람들이 목숨을 잃었다. 또 건물이 붕괴하면서 미처 대피하지 못하고 사고에 직면했던, 사람들과 구조를 돕던 소방대원과 경찰, 응급요원 등 사상자 수는 엄청나게 많았다. 화염에 뒤덮인 건물이 붕괴하면서 발산하는 불씨와 콘크리트, 철근 조각 등 엄청난 양의 파편이 튀면서 피해가 더욱 확산했다. 세계무역센터 인근 건물들이 화재 번졌고 일대 시설물들도 폭파 여파로 인한 잔해 물질들에 의해 치명적인 손상을 입었다.

테러의 표적이 된 쌍둥이 빌딩은 미국의 상징적 아이콘이며 자본주의를 나타내는 핵심 아이코닉 건축으로 높은 인지도를 갖고 있다. 주목받던 쌍둥이 빌딩은 이슬람 과격 테러 조직 알카에다 테러범 19명이 민간 여객기 4대에 나눠 타고 대참사를 자행한 아픈 기억의 아이코닉 건축이 됐다.

9.11 테러 공격은 미국의 비극이며 전 세계에 충격이었다. 인명 피해는 뉴욕에서 약 2,977명이 사망했으며 약 25,000명 이상의 부상자가 발생했다. 당시 구조 현장에 투입된 3만여 명의 대원들과 관련 경찰, 자원봉사자 등이 해로운 먼지에 뒤덮이고 유독 가스에 노출됐다. 후유증으로 각종 질병에 걸려 고통을 호소하는 후속 피해자들이 늘어났다. 쌍둥이 빌딩이 하이재커 자살 테러로 세계무역센터 빌딩들과 함께 소실된 참혹했던 순간을

기억하고 있다. 미국 정부는 폐허가 된 테러 발생 지역을 '그라운드 제로(Ground Zero)'로 선언하고 재건프로젝트를 진행했다.

부재의 반추(Reflecting Absence)

그라운드 제로(Ground Zero)는 9.11 테러 이후 세계 무역 센터 장소를 지칭한다. 1 WTC와 2 WTC가 무너진 쌍둥이 빌딩 자리에 당시의 아픔을 추모하기 위한 기억의 아이콘이 지어졌다. 테러 발생 10년 후 9.11 테러 추모 공원(National September 11 Memorial) 조성되어 2011년 9월 11일 개장했다. 9.11 메모리얼 파크는 기념비적 아이콘 공간을 생성하여 감정을 공유하고 방문자에게 교훈을 주는 학습 기능적 공간이다. 뉴욕의 아이코닉 건축 110층 건물이 화염 속에 무참히 허물어지는 광경을 본 9.11 테러 쇼크는 미국 국민의 삶의 의식까지 변화하게 했다.

기념비적 아이콘 부재의 반추

9.11 세계무역센터 기념공원 국제 현상 공모에서 이스라엘 출신 건축가 마이클 아라드(Michael Arad)와 미국 유명 조경가 피터 워커(Peter Walker)가 당선됐다. 마이클 아라드는 전 세계 63개국에서 참가한 5,201

개의 출품작 중에서 최종 우승작 '부재의 반추(Reflecting Absence)'로 새로운 아이콘을 탄생시켰다.

'부재의 반추'는 쌍둥이 빌딩이 있던 자리에는 같은 크기로 사각 인공폭포 2개가 건설됐다. 북아메리카에서 최대 규모의 인공폭포이다. 큰 사각 인공폭포 안에는 정사각형 홀(Hole)이 있다. 북쪽 풀(North Pool)과 남쪽 풀(South Pool)의 각 면적은 4,046㎡이고 깊이는 9.1m이다. 두 풀(Pool) 외벽 안쪽으로 분당 1만 1,400ℓ에 달하는 물줄기가 가슴을 쓸어내리듯 쏟아져 풀 중심부 작은 정사각형 홀(Hole) 속으로 사라진다. 마이클 아라드는 물이 떨어지는 속도와 방울방울 물방울의 모습도 세심하게 설계했다. 30ft 깊이 폭포 안의 폭포, 작은 사각형 속으로 흘러 들어가는 물은 파괴로 인한 상실을 의미하며 깊은 심연에 빠져들어 공백감을 자아냈다. 공허와 침묵이 맴도는 기억을 반추하는 기념비적인 아이코닉 건축이 맨해튼 도시 중심에 자리했다.

생일을 기억해 주는 아이콘 장미 한 송이

추모 기념비

추모 장미

마이클 아라드는 '부재의 반추'에서 거대공간의 은유적 표현을 통해 아이코닉 건축으로 발전시켰다. 폭포에서 하염없이 쏟아지는 물은 희생자 가족의 눈물을 상징한다. 떨어지는 물줄기는 용납하기 힘든 슬픔을 오열하며 토해낸다. 미국인과 슬픔을 애도하는 세계인의 눈물일 것이다. 테러 전 그 자리에 건재했던 세계무역센터 쌍둥이 빌딩과 안타깝게 생명을 잃은 희생자들의 부재를 이름을 새기며 반추했다. 인공폭포 가장자리를 둘러 가며 만들어진 난간 동판에 한국인 21명 포함 93개국 희생자 전원 2,983명의 이름을 새겨 놓았다. 2001년 9.11 테러 희생자 2,977명과 1993년 2월 26일 세계무역센터 지하 주차장 차량 폭탄 테러 희생자 6명이다.

기념적인 성격이 있는 아이코닉 건축은 구체적인 합의를 통해 구현하게 된다. 건축가 아라드는 희생자 이름을 배열하는 과정에서 희생자 유족이 상처받지 않도록 '의미 있는 이웃들(Meaningful Adjacencies)'이라는 개념을 적용하며 매우 고심했던 문제를 해결했다. 유가족들에게 일일이 연락해 소통하는 수고를 통해 가족, 친구, 직장동료 등 평소 인연이 있던 희생자 정보를 파악하여 서로 가까이 이름을 배치했다.

북쪽 풀은 1 WTC 1,470명, 1993년 2월 26일 주차장 폭탄 테러 희생자 6명, 아메리칸 항공 11편 87명 총 1,563명이다. 남쪽 풀에는 첫 번째 희생자 441명, 2 WTC 694명, 유나이티드 항공 93편 40명, 아메리칸 항공 77편 59명, 펜타곤 125명, 유나이티드 항공 175편 60명 총 1,420명을 유족들의 뜻을 모아 그룹별로 각각 나누어 이름을 새겼다.

희생자의 생일 아침엔 비석 역할을 하는 동판 이름 위에 꽃을 꽂아 그들을 기억한다. 국민 한 사람을 소중하게 생각하는 국가의 의지가 담겼다. 세계 최고의 도시 맨해튼은 사라진 건물의 자취를 보존하고 계승하기 위해 비움의 아이코닉 건축 부재의 반추를 통하여 국가 정체성의 변화를 구현했다.

9.11 메모리얼 파크를 찾는 사람들은 장소성의 의미를 생각한다. 인간은 당면한 슬픔 속에서 또 해야 할 일을 찾아 위로하고자 한다. 세계적인 조경가 피터 워커(Peter Walker)는 9.11 메모리얼 파크 조경을 담당했다. 그라운드 제로에 있는 2개의 평면적 인공폭포와 어울리도록 평면 공간을

강조했다. 추모 공원 광장 주위에 같은 수종으로 400그루 이상의 참나무를 심었다. 테러를 당한 3곳의 반경 500마일 이내에 있는 5개 주에서 가져온 나무들이다. 테러 당시 사람들은 나무가 서 있는 자리에도 있었다. 희생자를 상징한 나무와 함께 추모 공원은 곧 일상의 공원으로 연계되어 다시 생명으로 환생한 아이콘으로 도시는 숨 쉬고 있다. 테러가 남긴 당시의 상흔들과 공존한다.

부재의 반추와 희생자를 상징하는 나무

9.11 메모리얼 파크는 상징적 요소를 담아내는 아이코닉 공간이다. 테러로 폐허가 된 잔해 속에 한 달여간 묻혀있던 콩배나무 한 그루가 발견됐었다. 불에 타서 심하게 손상된 상태였다. 구사일생 목숨을 건져 유일하게 살아남아 있는 생존자 나무(Survivor Tree)로 가치를 부여했다. 회생 불가능해 보였지만 9년 동안 지극한 돌봄으로 콩배나무는 가지가 뻗고 꽃을 피웠다. 뉴욕시 묘목장에서 재활을 거쳐 2010년 12월 9.11 추모 공원에 옮겨 심어졌다

생존자 나무(Survivor Tree)

희망을 찾아 다시 살아 돌아온 생존자 나무는 아픔을 견뎌낸 회복과 재생의 아이콘이다. 생존자 나무에서 미국의 회복력을 본다. 충격과 절망을 이겨내고 국가의 상징적 공간인 9.11 메모리얼 파크에 서서 매년 아름다운 희망의 꽃을 피운다. 바로 이나무에서 씨를 채취해 묘목으로 기른다. 뉴욕시는 재난으로 아픔을 겪는 지역에 생존자 나무를 보내주고 있다. 새 생명을 틔워 아픔을 이겨내고 슬픔을 극복하는 희망의 꽃을 피우게 했다.

역사 위에 남겨진 생존의 흔적과 기억

'부재의 반추' 정신적 기억과 함께 테러가 남겨 놓은 물질적 흔적들로 역사는 기록하고 있다. 초대형 인공폭포 사이에 9.11 메모리얼 박물관(Memorial Museum)이 있다. 박물관 안에는 테러 당시 파괴된 건물의 잔해들과 당시를 기억할 수 있는 찢기고 망가진 피 묻은 옷과 신발 등 다양한 상징물들이 전시되어 있다.

그중에서도 '생존의 상징'이 온전히 전시돼 있다. 최후까지 건물을 지지했던 철 기둥은 구조 활동이 끝날 때까지 버텨준 희망의 상징이었다. 깨지지 않은 유리창은 방문하는 사람들의 눈길과 마음을 이끌어 안는다. 생존자 계단(Survivors Stairs)은 테러 당시 탈출구로 향하는 계단이었다. 9.11 테러 당시 생존자들은 필사적인 탈출을 위해 절박하게 통로를 찾아 투혼을 했던 비극의 흔적이 전시 공간에 있다.

스펜서 핀치의 추모 작품, Virgil의 서사시

9.11 박물관은 2014년 5월 21일에 대중에게 공개됐다. 데이비드 브로디 본드(Davis Brody Bond)가 협력 건축가로 설계 디자인했다. 보이는 건물의 볼륨은 작지만, 메모리얼 공원 지하 전체 커다란 면적이 박물관 공간이다. 9.11 박물관에서 단연 돋보이는 아티스트 스펜서 핀치(Spencer Finch)의 작품 "9월 하늘의 색을 기억하려 노력한다(Trying to Remember the Color of the Sky on That September Morning)."가 있다. 희생자를 나타내는 푸른색 사각형 2,983개로 구성됐다. "어떤 날도 시간의 기억에서 당신을 지우지 못하리(No day shall erase you from the memory of time)"-Virgil. 2000년 전 로마제국의 탄생을 그린 베르길리우스(Vergilius BC70-BC19) 유명한 시인의 '아이네이스(The Aeneid)' 서사시 중 한 문장이다. 공공 예술품에 미국이 존재하는 한 희생자들을 잊지 않고 기억하겠다는 엄숙한 다짐을 새겨 놓았다.

북쪽 쌍둥이 빌딩이 있던 전시 공간은 당시 9.11 테러 현장의 구조 대원들의 긴박했던 순간의 음성이 재현했다. 희생자들의 생전 모습을 영상으로 상영한다. 애틋한 가족, 친구 그리고 함께한 동료들을 향한 이야기가 음성으로 전해진다. 한 명 한 명에 대한 사진과 설명이 그 공간을 공감하는 사람들의 눈시울을 뜨겁게 한다. 기념비적인 아이코닉 건축은 공간 그 자체에 상징성을 가지고 있다. 9.11 테러는 미국인들의 아픔만이 아니라 절대 되풀이되어서는 안 될 그 장면을 목격한 모두의 기억이다. 후대에도 잊지 않고 기억해야 할 집단적 과제를 생각한다. 해마다 9.11이 다가오면 쌍둥이 빌딩을 상징하는 아이콘이 등장한다. 트리뷰트 인 라이트(Tribute in Light)이다. 가상의 스카이라인을 연출하여 희생자를 추모하는 빛의 헌사가 무언의 소통을 한다.

트리뷰트 인 라이트

뉴욕에서 가장 높은 원 월드 트레이드 1 WTC 센터는 94~99층은 위령의 장소로 남겨 놓고 과거의 아픈 기억을 포용하고 있다. 세계무역센터 쌍둥이 빌딩을 계승하며 초고층 아이코닉 건축으로 세워졌다. 9.11 테러 이후 국가와 국민은 다양한 관점에서 패러다임의 변화를 가져왔다. 뉴욕 맨해튼은 악몽을 겪으며 더 나은 미래를 위한 결의를 다짐했고 세계 최고의 도시의 면모를 지키고 있다.

기념비적인 아이코닉 건축은 인간이 망각하기 쉬운 기억을 상기시키고 후대에 물려줄 기억의 상징이다. 인류의 평화를 위해 학습해야 할 배움의 공간이다. 미래 세대가 이끌어갈 사회를 경험하는 교훈적 장소로 기억된다.

03 라데팡스 : 라 그랑드 아르슈

역사의 흐름을 잇는 라데팡스

프랑스는 파리의 높은 인구밀도와 도시 집중화된 현상에 대한 해결책을 모색했다. 파리 중심에서 8km 떨어진 부도심 지역에 라데팡스가 있다. 파리의 고풍스러운 역사적인 도시의 경계를 지나면 전혀 다른 현대적 분위기의 도시에 들어서게 된다. 1958년 출범한 라데팡스(La Defense)[1] 개발 공사(EPAD)는 6년간 토지 수용 절차와 개발계획수립을 거쳐 1964년 신도시 개발에 착수했다.

파리의 부도심 라데팡스

1) 1989년에는 이곳에 프랑스혁명 200주년을 기념하여 건축가 오포 폰 스프렉켈슨의 설계에 따라 신 개선문인 '라 그랑드 아르슈(La Grande Arche)'를 건설하였다.

라데팡스는 거대한 복층 도시 구조로 보차분리 원칙을 적용해 개발됐다. 교통과 관련된 도로, 지하철, 고속철도, 고속도로, 주차장 등의 시설은 아래층 지하에 설치했다. 위층은 공원, 광장, 문화 공간으로 활용할 수 있는 오픈스페이스 보행자 전용 공간으로 구성했다.

개발 콘셉트 46만 평 대지 위에 주거 중심지구와 상업 및 첨단업무 중심지구로 크게 구분했다. 건축 규제가 심한 파리를 벗어나 고층빌딩과 업무지구를 조성함으로써 과밀한 수요를 분산시키기 위함이었다. 주거, 업무공간, 호텔, 상업, 문화시설 등 다양한 복합시설을 개발하는 데 목적을 두었다. 첨단 미디어 산업을 육성하여 고용을 창출하고, 정보통신 및 미디어 예술문화의 거점개발을 중심으로 삼았다. 파리와 도시의 축을 연결한 중심축을 형성하여 입체적이고 고층 건축 개념을 도입했다.

황혼의 라데팡스

라데팡스는 도시 구성에 있어 독특하고 창의적인 디자인 및 규모에 대한 제한을 두지 않았다. 다양한 기하학적 형태의 아이코닉 건축이 도시의 스카이라인을 형성했다. 강력한 이미지를 전달하는 아이코닉 건축 신 개선문인 라 그랑드 아르슈(La Grande Arche, 1989)는 라데팡스의 상징적 아이콘으로 의도됐다. 루브르 박물관을 시작으로 튈르리 정원 동쪽에 있는 카루젤 개선문, 파리대 혁명기의 역사적인 콩코드 광장 오벨리스크, 샹젤리제 거리의 에투알 개선문을 지나 전통적 아이코닉 건축들과 어깨를 나란히 했다. 프랑스는 역사적 중심축 선상에서 기념비적인 프랑스 현대 도시 이미지를 구축하며 정치적, 지리적, 문화적 연합을 나타냈다.

승리의 아이콘 개선문

개선문은 승리의 아이콘으로 로마 시대부터 왕의 업적을 기리며 전쟁에서 이긴 기념으로 건설됐다. 세계에는 수많은 상징적인 개선문이 있다. 서기 82년 유대 전쟁 승리 기념으로 세운 티투스 개선문은 세계에서 가장 오래된 개선문이다. 에투알 개선문의 모태이기도 하다. 프랑스 파리와 라데팡스를 잇는 역사의 축에는 세 개의 개선문이 있다. 카루젤 개선문, 에투알 개선문, 신 개선문 라 그랑드 아르슈이다.

카루젤 개선문

카루젤 개선문(Arc de Triomphe du Carrousel)은 나폴레옹 황제 직위 후 전쟁 승리 기념으로 1806년 착공하여 1808년 완공됐다. 현재 루브르 박물관 튈르리 광장에 있다. 이 개선문은 나폴레옹이 승승장구한 제국의 늠름함을 상징하고 있다. 코린트식 기둥과 화려하고 섬세한 장식은 로마의 건축 양식 스타일을 선호한 나폴레옹의 위용과 전승을 기념하며 세웠다.

일반적으로 파리의 상징으로 알려진 에투알 개선문(Arc de Triomphe)은 프랑스 혁명과 그 여파로 일어난 나폴레옹 전쟁을 기념하며 전사자들을 추모하기 위해 지어졌다. 에투알 개선문은 1806년 착공하여 1836년에 완공했다. 초기 건축가는 장 프랑수아 테레즈 샬그린(Jean Francois Therese Chalgrin, 1739~1811)이다. 그가 사망 후 프랑스 건축가 장 니콜라스 휴요트(Jean Nicolas Huyot, 1780~1840)가 총감독을 맡았다.

에투알 개선문, 1836

1806년 아우스터리츠(Austerlitsky) 전에서 승리하자 나폴레옹은 지지율이 높아졌고 업적을 과시하는 웅장한 기념물을 짓고자 했다. 나폴레옹은 로마 시대 전쟁에서 승리의 기쁨을 안고 영광스럽게 귀환하며 행렬하는 핵심적 장소를 세우는데 전통 방식을 모방하고 싶어 했다. 규모가 거대한 에투왈 개선문 공사는 프랑스 혁명과 왕정복고 등 격변의 시대의 소용돌이에 부딪히며 정책적 변화가 일어나 공사가 중단됐다. 워털루 전쟁에서 패배한 나폴레옹은 몰락하게 됐다. 1821년 5월 5일 유배지 세인트헬레나섬에서 귀환하지 못하고 사망했다.

루이 필립(Louis Philippe 1977~1850)이 1830년 왕정복고 이후 완공하기까지 30년간의 오랜 기간이 걸렸다. 나폴레옹 사후 완공된 에투알 개선문은 로마의 티투스 개선문을 모방했다. 높이 50m, 넓이 45m, 깊이 22m이다. 에투왈 개선문은 조각상으로 장식한 신고전주의 미학을 적용했다. 개선문 기둥에는 각각의 상징적 의미를 유명 조각가들이 우화적 장식 작품으로 표현했다.

1792, 출발 1810, 승리 1814, 저항 1815, 평화

정면 우측 기둥 하나는 프랑수아 뤼드(Francois Rude1784~1855) '1792년 출발(Le Depart de 1792)' 일명 '라 마르세예즈'라고 불리며 프랑스 제1공화국 탄생을 표현했다. 좌측 하나는 장 피에르 코르토(Jean-Pierre

Cortot)의 '1810년 승리(Le Triomphe de 1810)' 바그람 전투 승리 기념 부조이다. 뒤 우측으로 앙투안 에텍스 (Antoine Etex, 1808~1888)의 '1814년 저항(La Resistance de 1814)'은 나폴레옹 군이 프랑스 연합군과 다투며 저항하는 장면을 묘사했다. 왼쪽에는 '1815 평화(La Paix de 1815)' 1815년 나폴레옹 전쟁을 종결한 파리조약을 기념한 조각이다. 개선문에 설치된 조각 작품은 프랑스의 국민정신과 단결하는 애국적 심상이 담겨 있다.

안쪽 벽에는 프랑스가 승리한 전투 목록과 용맹을 떨친 승전 장군들의 이름이 새겨졌다. 명단에 빠진 이름은 1895년까지 정기적으로 추가됐다. 프랑스는 전쟁 중 전사자를 위한 기념비를 도시 곳곳에 세웠다. 1921년 1월 28일 개선문 아래에도 무명용사들을 위한 묘를 만들어 제1, 2차 세계대전에서 희생한 무명 전사자들을 안장했다. 2년 후 충혼의 불꽃이 점화되면서 현재까지 꺼지지 않는 불을 피우며 추모 장소로 상징적 의미를 부여했다.

승전 장군들 이름을 새긴 개선문

에투왈 개선문은 프랑스혁명의 연장선에서 나폴레옹 전쟁의 역사적 함의로 사회체제의 변화가 일어난 프랑스 국민과 파리 시민들에게 깊은 의미가 있는 특별한 기념비적 아이코닉 건축이다. 에투왈 개선문은 1889년 프랑스혁명 100주년 기념물 에펠탑과 함께 프랑스 역사와 파리를 상징하는 아이코닉 건축으로 도시 이미지를 대표하는 19세기 걸작품이다.

프랑스 현대 도시 라데팡스

기념비적인 아이코닉 건축은 역사와 시간을 통해 적층한 계승 건축물이 현대의 재해석으로 탄생한다. 중세 시대부터 이미 아이코닉 건축이 탄생하여 관광자원이 풍부한 유럽 최대 문화 강국인 프랑스는 20세기 현대적인 도시 이미지를 구축한 기념비적 아이코닉 건축을 탄생시켰다. 라 그랑드 아르슈(La Grande Arche) 이다.

라 그랑드 아르슈

프랑스혁명 200주년을 기념하며 1989년 완공되어 새로운 아이콘으로 떠올랐다. 프란시스코 미테랑(Francois Mitterrand) 프랑스 대통령이 임기 중 착수한 프로젝트의 하나이다. 12개의 도로가 만나는 샤를 드골 광장(Place Charles de Gaulle)에 위치해 프랑스혁명과 전쟁 기념물 에투알 개선문을 지나 샹젤리제 거리 직선 축에서 혁신적인 신도시 라데팡스와 만나게 된다. 파리의 분위기와는 전혀 다른 라데팡스 지역 이름은 루이에르네스트 바리아스(Louis Ernest Barrias, 1841~1905, 파리)의 조각품에서 유래됐다. 러시아가 침략한 프로이센 전쟁 시 파리를 지키기 위한 시민들의 활약을 기념하기 위한 조각품이다. '파리의 수호자'라는 뜻이 있다.

라데팡스는 과거보다는 미래를 향한 도시이다. 신 개선문 라 그랑드 아르슈 아이코닉 건축은 도시의 혁신적인 이미지를 확고히 구축했다. '세계로 향하는 창'이란 의미를 담아 미래를 향한 공간으로 구현이었다. 덴마크 건축가 요한 오토 본 스트렉켈센(Johan Otto von Spreckelsen, 1929.5.5.~1987.3.16)이 '인류애의 승리'라는 주제로 디자인했다.

열린 입방체 단일 구조 현대식 개선문

에투알 개선문의 두 배 높이 110m, 넓이 108m, 35층, 총 무게 30만 톤의 거대한 열린 입방체의 단일 구조이다. 이 현대적 개선문의 재료는 카라라 대리석과 강화 콘크리트, 강화 유리를 사용했다. 바닥도 동일 재료를 사용하여 단일한 효과를 냈다. 건물 가운데 비어있는 공간은 에투알 개선문의 크기와 일치한다. 가운데가 뚫린 사각형 양 기둥 공간에는 사무실, 레스토랑, 전시관 그리고 전망대가 있다. 프랑스혁명 정신 자유와 평등, 박애를 계승하는 인권 존중 사상이 깃들어 있다. 시간과 공간을 확장한 프랑스의 색다른 도시 이미지를 구현했다.

성공한 도시 개발 보차분리 사례

라데팡스의 도시 개발 성공 사례는 우리나라를 비롯해 많은 국가가 벤치마킹(benchmarking) 기준으로 자국에 맞게 모방했다. 라데팡스 역시 미국 맨해튼을 모델로 삼았다. 1958년부터 프랑스 정부가 장기적으로 주도하기 위해 라데팡스개발공사(Etablissement Public pour I' Amenagement de la Defense, EPAD)를 설립했다. 세계 유일의 보차분리 원칙을 적용해 도보 이용과 교통 도로를 완전히 구분한 이상향의 도시를 만들었다. 1, 2차 세계 전쟁 후 인프라가 구축이 미흡해 토지 소유권 문제 및 개발에 대한 걸림돌이 없어 새로운 건물을 짓고 지하 공간을 이용할 수 있는 편리한 장점이 있었다.

건축의 패러다임 틀을 규정한 근대 건축의 거장 프랑스의 르코르뷔지에는 건축 세계사에 길이 남을 인물이다. 현대 건축을 얘기할 때 그의 이름을 수없이 거론하게 된다. 20세기 도시의 변화를 일으킨 그는 〈새로운 건축을 향하여, 1923〉, 〈도시 계획, 1925〉, 〈아테네 헌장, 1943〉 이론을 제시했으며 화가, 조각가, 가구 디자이너 그리고 도시 계획가로 큰 업적을 남겼다. 과거 건축과는 전혀 다른 새로운 건축 문명의 축을 세웠다. 현대 건축의 5원칙을 정립한 공간의 제시는 과학기술에 기반을 두고 자연과 인간이 삶을 융합한 모더니즘 건축의 형성이었다.

1933년 르코르뷔지에는 거리 현상 설계에서 보차분리 도시를 제안했었다. 차도와 보도를 구분하여 자동차의 이용을 선호했다. 그의 건축관은 도시 전체까지 확장하여 인간중심의 공간이었다. 넓은 녹지 공간을 획득해 자연과 유기적으로 교감하는 '빛나는 도시(The Radiant City) 계획안을 수립했다.

르코르뷔지에가 설계한 유니테 다비타시옹

도시 중심의 심각한 교통 혼잡을 해소하고 높은 인구밀도를 순환할 수 있는 수단과 방법을 현대 도시의 원칙에 적용했다. 도시에서 양산된 문제를 해결해 보려는 르코르뷔지에의 의지였다. 고전 건축이 가득한 도시의 전면적인 변화는 당 시대와 장소 상황에서 바라본 파리에 실현할 흡족한 제안이 아니었다. 하지만 도시설계에 대한 르코르뷔지에의 이론은 현대 도시에 가장 많은 영향을 미쳤다. 빛나는 도시 계획의 탐구는 대량생산과 표준화를 통한 네모 구조의 복층형 최초의 아파트 개념인 유니테 다비타시옹을 탄생시켰다.

도시의 개발 계획은 미래를 앞서 생각해야 한다. 초고층 건물은 인간이 만든 기계 엘리베이터가 있어 가능했다. 세계의 최고 도시가 발전하고 새로운 도시가 개발하기까지는 또 다른 기계 교통수단이 발달하여 이동의 편리함 때문이다. 교통수단 역시 인간의 삶을 담는 생활의 기계라 이다. 교통 인프라의 구축은 도시의 숨통을 트이게 했다. 교외로 인구가 이동할 수 있도록 도로 및 교통수단의 편리성을 고려해 균형 있는 도시 개발을 꿈꾸고 있다. 도시는 개인이 편한 수단 보다 공동의 편리를 고려해야 할 것이다.

프랑스 중심축 선상의 라 그랑드 아르슈

프랑스는 파리와 교외 지역을 유기적으로 개발해 양극화를 해결하기 위한 도시 개발을 진행 중이다. 파리는 행정구역이 20개로 구분되어 있다. 라데팡스는 파리의 제21구라 불리며 파리와 밀접하게 연결됐다. 도시 개발 EPAD는 A 지역과 B 지역으로 나누어 계획했다. A 지역은 주로 기업과 상업 시설이 밀접해 있다. 프랑스 및 외국 기업 중 상위 업체 등 2,500

여 개의 기업이 입주해 100,000㎡ 규모에 해당하는 유럽 최대 업무지구가 구성되어 15만 명 기업체 인원이 일하고 있다. B 지역은 공원과 주거단지가 110,000㎡ 규모 녹지가 조성되어 있으며 2만 명이 거주하고 있다.

160ha 면적에 업무시설과 주거시설을 복합적으로 동시에 공존하며 새로운 기술을 적용한 현대적 이미지를 두각 시킨다. 지하부를 최대한 활용하여 교통시설을 확충했다. 1970년 2월 파리와 주변 지역을 연결하는 급행철도 RER(Regional Express Network) 서비스는 라데팡스의 유용한 대중교통 수단이 됐다. 지하철(Metro)은 파리 메트로 1호선으로 가장 이용객이 많은 중요한 노선으로 주요 관광지를 잇는다. 트랑지리엥(Transilien)은 최초로 개설된 파리 교외로 나가는 국철 노선이다. 트램(Tram) 역시 파리 시내와 외곽을 운행하는 대중교통이다. 버스 및 도로망이 최적화된 서비스를 제공한다.

다양한 교통망을 재정리하여 파리 외곽 교통을 분리하여 보행자 친화적인 공간을 증대시켰다. 주차장 및 전기 자동차 충전 시설 구비와 교통 이외의 난방, 수도, 전기 등 모든 필요한 인프라가 지하에 설치되어 있다. 도보가 가능한 합리적인 동선을 적용한 도시는 시민의 커뮤니케이션 이루어지는 일상의 공간과 함께 지속 가능한 사회환경을 구성했다.

건축과 예술의 조화

1982년 프랑스 미테랑 대통령이 주도하는 '그랑 프로제(Grand Project)'를 발표했다. 기념비적인 대형 프로젝트를 본격적 실행하며 국제적으로 프랑스의 위상을 높이고자 했다. 거대한 프로젝트를 위해 세계적인 유명 건축가들이 참여하는 국제 현상 설계 공모를 열어 프랑스를 대표하는 아이코닉 건축이 건설됐다.

장 누벨(Jean Nouve, 프랑스, 1954~)의 아랍문화원(1987), 이오 밍 페

이(I.M Pei, 미국 1917~2019)의 루브르 박물관 유리 피라미드(Pyramid du Louvre, 1989), 빅토르 랄루(Victor Laloux, 1850~1937)의 오르세역(Orsay Station, 1900)을 오르세 미술관(Orsay Museum, 1986)으로 개조하는 등 기념비적인 건축이 재현되며 파리에서 손꼽히는 유명 아이코닉 건축이 됐다. 신 개선문인 '라 그랑드 아르슈' 역시 맥락을 같이한다. 프랑스 혁명 200주년을 기념하는 현대적인 건축물의 건설은 도시의 정체성과 이미지를 확고히 하는 아이코닉 건축이 탄생하는 계기가 됐다.

차 없는 라데팡스 거리

보행자가 중심인 라데팡스는 차 없는 거리가 활성화되도록 교통 체계를 편리하게 갖추었다. 보행자들은 마음 놓고 안전하게 도시를 즐긴다. 의도적으로 계획된 라데팡스는 건축과 예술 그리고 사람이 호흡하는 사고 위험이 없는 도시 공간이 됐다. 라데팡스는 도시 이름을 조각품에서 따왔듯이 예술계의 정상을 달리는 조각가의 작품으로 가득하다. 최대 규모의 야외 조각공원은 세자르 발다치니(Cesar Baldaccini, 1921~1998)의 '엄지손가락, 1965', 알렉산더 칼더(Alexander Calder, 1898~1976) '붉은 거미, 1976'

호안 미로 이 페라(Joan Miro i Ferra 1893~1983)의 '환상적인 두 캐릭터(Two Fantastic Figures, 1976)' 등 60여 개의 뛰어난 예술 작품을 전시했다. 전 세계에서 도시 재생의 성공 사례로 관심이 집중된 라데팡스는 도시 전체를 체계적으로 계획했다. 건축물과 조각품 하나하나를 엄선하여 예술적인 도시 공간을 디자인했다.

도시와 예술이 호흡하는 라데팡스 조각품

도시에 공공 작품이 설치한 시기는 1930년대 미국에서 시작했다. 예술가들에게 일자리를 창출하고 도시 미화를 가꾸기 위함이었다. 1951년 프랑스도 예술품을 설치하는 규정을 만들었다. 건물의 비용 중 1%를 예술품에 비중을 두어야 한다. 우리나라도 1972년부터 3,000㎡ 이상일 때 1% 이상 미술품 설치를 권장하다가 1995년 10,000㎡ 이상 증축하거나 신축하는 건축물은 건축비용의 1%에 해당하는 공예, 조각, 회화, 사진, 벽화 등 미술품 장식을 의무화했다.

2000년 문화예술진흥법은 건축비의 1% 이하로 낮추어 미술품을 설치하도록 규제를 개혁했다. 이 제도는 부정적인 문제도 발생했다. 긍정적인 측면에서 예술인들은 창작 예술의 무대를 펼치고, 시민과 관광객들은 도시 속에서 야외 예술품을 통해 심미적인 정서를 경험하게 된다. 프랑스 역사의 한 축에 있는 라데팡스의 아이코닉 건축 그랑드 아르슈와 그 외 특색 있는 건축물과 조각품의 환상적인 현대 조형의 조화는 인간의 삶에 예술 문화적 가치를 더욱 높였다.

역대 프랑스 지도자들은 통치 기간에 거대한 예술적 건축 프로젝트를 실행하여 아이코닉 건축을 남겼다. 미테랑 대통령의 그랑 프로제의 실현은 전통적 유산의 도시 파리에 현대적 아이코닉 건축 건설을 통해 풍요로운 도시를 만들어 가며 혁신도시 라데팡스와 한 축의 선상에서 유기적인 연계를 했다. 파리의 위상과 경쟁력을 지켜가며 주변 수도권과 자연스럽게 확장과 개발을 진행해 불평등을 해소하는 거대한 정책적 프로젝트를 성공적으로 이루어 냈다.

프랑스에서 가장 현대적인 도시 라데팡스는 교통과 보행을 분리하여 소음과 공해가 적은 쾌적한 도시 환경을 구축했다. 도시는 머물러 있지 않고 변화하고 새로워지며 꾸준히 진화하고 있다. 라데팡스 그랑드 아르슈는 파리의 경이로운 전통 아이코닉 건축과 역사의 맥을 잇는 제3의 신 개선문으로 기념비적인 아이코닉 건축 대열에 합류했다.

녹지화 되어가는 라데팡스 도심공원

제4장
뮤지엄 건축

01 런던 : 테이드 모던 미술관

문화 보물의 탄생

런던 사우스뱅크 중심부에는 인간의 창의성이 무한하게 깃든 놀라운 건축물이 방문자의 눈과 영혼을 사로잡는다. 과거의 역사와 현재의 담대한 비전을 융합한 상징적 건축인 테이트 모던(New Tate Modern) 미술관이 있다. 치솟은 굴뚝, 거대한 터빈 홀, 전시 등 어느새 세계 정상에 오른 미술관은 허름했던 발전소의 옛것에 대한 유구한 역사를 딛고 근사한 변신의 주인공이 됐다.

테이트 모던 미술관

또 하나 메소포타미아 지역 고대 건축물 중에는 계단을 대형 탑처럼 쌓아 올린 지구라트가 있다. 테이트 모던 신관 미술관은 지구라트[2]를 재해석한 현대건축의 아이콘으로 탄생했다. 원래 발전소 벽돌에서 아이디어를 얻었다. 구멍 뚫린 벽돌로 만든 격자 패턴디자인은 건물의 외부를 피라미드 모양으로 감싸며 드라마틱하게 구성했다.

지구라트

외관의 미적 매력 외에도 벽돌의 패턴은 내부 공간에 실용적이고 기능적인 음영을 제공한다. 필터링된 자연광을 내부로 들어오도록 하며 눈부심과 과도한 열을 줄여 준다. 빛과 그림자의 상호작용은 전시 공간에 깊이와 질감을 더해 방문자의 심미적인 경험을 향상하게 했다.

건축 외피 디자인에서 자연의 빛을 투과하는 패턴 형식은 헤르조그 앤드 뫼롱 건축에서 특징적으로 발견하게 된다. '도미너스 와이너리

2) 지구라트는 본래 높은 곳을 뜻한다. 지구라트는 메소포타미아나 엘람의 주신에 바쳐진 성탑으로, 진흙을 뭉쳐서 햇볕에 말려 만든 흙벽돌이나 구워 만든 벽돌로 만들었다. 흙벽돌의 형상과 특성을 살린 아치도 이 무렵에 발명되었다. 지구라트의 원형은 우바이드기의 기단을 가진 신전이다.

(Dominus Winery, 1998)'의 게비온(Gabion) 입면에서 볼 수 있듯이 캘리포니아의 작열하는 빛을 불규칙한 돌 틈 사이 공간에 투과하게 된다.

테이트 모던 벽돌과 도미너스 와이너리 돌벽

테이트는 현대미술관으로 탈바꿈해 과거의 산업을 포용한 화력발전소 공간과 동질적 아름다움을 능숙하게 통합한 테이트 모던 신관 건물과 융합해 독특한 건축 양식의 조화를 만들어 냈다. 전시 공간과 공공장소 및 편의 시설, 레스토랑, 교육 공간 등 확장된 혁신적인 공간디자인으로 원래 건물과 완벽하게 통합하고 증가하는 작품 컬렉션과 늘어나는 방문자를 수용할 수 있는 능력을 갖추어 2016년 6월 공식적으로 대중에게 공개됐다.

공간 활용이 뛰어난 테이트 모던 미술관

시간과 국경을 초월하여 각계각층의 찬사를 받은 예술과 건축의 집합체이다. 건축가의 의도가 담긴 벽돌을 사용한 외관은 상징적 과거를 유입하고 비틀린 기하학적 형태와 현대적 조화를 이루며 미래가 공존하는 박물관 역사의 이정표를 세웠다. 테이트 모던을 찾아온 방문자들은 구건물의 벽돌과 새 건물 벽돌의 병치에서 시간 여행을 하게 된다. 미술관 건축의 기량과 폭넓은 컬렉션은 전 세계 예술 애호가와 관광객을 끌어들이는 아이코닉 건축으로 눈부신 융합을 이루어 도시의 상징이 됐다.

테이트 모던의 새로운 아이콘

테이트 모던의 재탄생은 방치된 발전소를 예술적 안식처로 변화시킨 도시 재생 이야기로 거슬러 올라간다. 2차 세계대전 직후 1947년에 건설된 뱅크사이드(Bankside) 화력발전소는 에너지 부문의 핵심 주체로써 전력을 생산하며 산업화의 주역이었다. 뱅크사이드 화력발전소 건물은 1960년대 자일스 경(Giles Gilbert Scott)이 설계한 대표작으로 35m 높이, 152m 길이의 육중한 박스형 터빈 홀(Turbine Hall)과 중앙에 높게 솟아 연기를 내뿜던 99m 높이의 굴뚝이 인상적인 건물이었다. 뱅크사이드 화력발전소는 유가 상승, 경기 침체, 환경 오염 등의 문제로 1981년 결국 문을 닫고 10여 년간 방치된 상태에 놓여 있었다.

뱅크사이드 화력발전소

1990년은 영국 정부가 다가올 밀레니엄 시대를 기념하기 위한 프로젝트를 계획하면서 버려진 발전소에 새로운 희망이 찾아왔다. 테이트 갤러리는 점점 늘어나는 방문자 수와 방대한 미술품 컬렉션을 감당하기 위한 공간의 제약 문제가 대두되고 있었다. 테이트 재단은 별도의 미술관을 만들겠다는 의도를 발표하고 새로운 부지 찾아 나섰다.

새로운 미술관을 건립하기 위한 적합한 위치를 찾는 과정에서 부지 선택은 매우 중요했다. 세계 미술계에서 탁월한 영향력을 발휘하는 인물로 인정받은 테이트 미술관 총관장 니콜라스 세로타(Nicholas Serota)는 오랜 경륜을 바탕으로 부지 선정 과정에서 그의 전문성을 두각 시키며 중추적 역할을 했다. 템스강 주변 주요 위치는 미술관과 어울리는 매력적인 전망을 제공하며 다양한 이점들을 가지고 있다고 여겼다. 광대한 면적과 편리한 교통의 연결은 접근성도 좋아 미술관 장소로 적격이었다. 그러나 제한된 예산으로 템스강 주변을 따라 적절한 부지를 찾기에 쉽지 않았다. 선택권 또한 제한적이었다.

어느 날 템스강을 따라 출퇴근하던 직원이 버려진 뱅크사이드 화력발전소를 우연히 발견하면서 전환점의 계기가 마련됐다. 비록 발전소는 기능을 멈추고 폐허가 된 상태이지만 현대미술관의 이상적인 장소가 될 필요한 조건을 갖추고 있었다. 화력발전소 주변은 쇠퇴하고 빈곤 지역으로 상당한 경제적 어려움에 직면해 있었다. 이런 상황은 처음엔 적합성에 대한 염려와 의문을 제기했다. 그러나 현대미술관이 들어옴으로써 템스강 남쪽의 활성화와 도시의 발전을 예측하는 설득력은 최종적으로 부지를 선정하기에 이르렀다.

산업화의 상징이었던 뱅크사이드 화력발전소는 빨간 전화박스로 도시 이미지를 지울 수 없는 흔적으로 남긴 자일스 길버트 스코트(Giles Gilbert Scotte)가 설계 디자인했다. 그의 창조적인 천재성과 진보적인 아이디어는 발전소 디자인에서도 빛을 발했다. 당시 산업의 위상을 세우기 위해 4천만 개의 벽돌을 꼼꼼하게 놓아 기초를 형성했다. 길이 152m, 높이 35m, 폭 23m의 인상적인 규모이다.

특히 뱅크사이드 화력발전소의 중심에는 99m 상공으로 치솟은 상징적인 굴뚝이 서 있다. 스콧은 미학만을 강조하지 않고 주변 건물들과 도시 경관을 해치지 않도록 정밀하게 디자인했다. 산업화의 상징인 뱅크사이드 화력발전소는 에너지 공급 이상의 런던이 현대적인 대도시로 변화하는 상징적 증거였다.

테이트 모던 미술관 전경

운영을 중단했던 화력발전소는 기술의 진화와 변화하는 에너지 요구에도 불구하고 발전소의 실루엣은 시대의 유산으로 기억에 새겨져 있다. 수년에 걸쳐 구조를 보존하면서 도시의 산업화와 건축적인 우수한 유산을 소중히 하며 미래를 포용했다. 에너지 중심지에서 대중이 북적거리는 테이트 모던 미술관으로 변화시킨 노후화된 산업 유물은 현대 예술과 문화로 도시에 등불을 밝히게 된다. 테이트 모던 미술관의 개관은 템스강 지역과 더 나아가 도시의 역사에 새로운 장을 열었고 끊임없는 변화를 수용하는 다목적 공간이 됐다.

공간의 재정의와 역사의 수용

테이트 모던 미술관 프로젝트 초기 구상 단계에서 예술적 표현의 허브인 동시에 예술가들의 플랫폼이 되며 전 세계 다양한 예술이 교차하는 것을 목표로 삼았다. 원대한 비전을 갖고 1994년 흉물스러운 건축물을 생동하는 공간으로 재정의하기 위한 국제 현상 설계 공모전을 실시했다. 전 세계 건축 인재를 유치하기 위해 주최 측은 최선의 노력을 기울였다. 런던 문화의 변혁을 줄 기회에 저명한 건축가, 떠오르는 디자인 회사, 젊은 건축가들이 대거 참가했다.

치열한 경쟁에서 스위스의 듀오 건축가 헤르조그 & 드 뫼롱의 디자인안이 최종적으로 당선했다. 당시 공모전에 참가했던 많은 건축가의 다채로운 아이디어 디자인과 비교할 수 없는 차별성이 있었다. 그들의 창의성은 과거에 대한 기존 건물을 존중하는 것이 더욱 새로워지는 공간의 개념을 재정의했다. 두 젊은 건축가의 제안은 산업 유산을 유지하고 현대 건축의 독창적 디자인으로 균형을 맞추는 섬세함이 당선 포인트의 핵심 요소에 부합한 리모델링 디자인이었다. 폐쇄되어 접근하기 어려웠던 장소에 예술과 문화의 꽃이 움트기 시작했다. 새로 짓는 것만이 새로운 건축이 아닌 것을 증명했다.

테이트 모던 미술관과 마주 보고 있는 세인트 폴 대성당

도시의 상징은 건축의 몫이 크다고 볼 수 있다. 전통적인 르네상스 양식의 세인트 폴 대성당은 도시의 풍부한 역사와 건축 유산으로 시대를 초월하며 공존하고 있다. 세인트 폴 대성당의 존재와 극명한 대조를 이루며 마주한 테이트 모던 미술관은 현대 아이코닉 건축의 탁월함을 대담하게 뽐내며 런던 전역에 불을 밝히고 있다. 과거 산업의 원동력이 되었던 뱅크사이드 화력발전소는 테이트 모던 미술관의 모태가 됐다. 도시민들의 공공공간이 된 낡은 공간의 변화는 템스강 주변을 예술적 광채로 빛나게 하는 도시의 등대이고 희망이다. 쇠퇴의 어두운 저해 요소의 이미지를 벗고 아름다운 삶의 여유 공간으로 숨을 쉬게 된 인간의 창조적 능력의 산실이 됐다. 밀레니엄 프로젝트의 중점 사항으로 본질을 잃어갈 수도 있었던 화력발전소를 헤르조그 앤 드 뫼롱은 전통과 현대의 어울림을 도시디자인에 엮어 연결고리임을 상기시켰다. 런던을 상징하는 아이코닉 건축 테이트 모던 미

술관이 도시의 이미지를 어떻게 변하게 했는지 알려주고 있다.

헤르조그 앤 드 뫼롱은 전통과 실용성이 중요시된 건축의 새 단장을 통해 기존 벽돌 건물의 외관과 산업적 분위기를 받아들이며 그들의 아름다운 디자인의 세계로 초대했다. 상징적인 굴뚝, 혹은 건물의 껍질인 벽돌에 현대성을 결합한 예술적 표현은 템스강 유역의 정체성을 전환한 문화의 아이코닉 건축으로 거듭나게 했다. 그들의 중심적인 디자인 철학은 공간의 경험에 중점을 두어 재구성했다. 듀오 건축가는 뱅크사이드 화력발전소를 건축과 예술이 결합하는 방식을 재정의하여 방문자와 예술 작품 그리고 건물 자체의 관계를 아우르는 새로운 아이코닉 건축을 탄생시킨 것이다. 드디어 2000년 5월 테이트 모던 미술관이 화려한 장막의 문을 열게 됐다.

전통과 현대가 공존하는 도시

영국의 수도 런던은 수 세기가 지나면서 다양한 건축 양식들이 도시에 축적해 왔다. 놀라운 사실은 최근 수십 년 동안 놀라운 현대건축들이 도시 이미지를 바꾸어 놓았다. 전통적인 세인트 폴 대성당과 국회의사당이 있어 많은 관광객의 발길이 이어졌던 템스강 북쪽과는 달리 뱅크사이드 화력발전소가 있는 템스강 남쪽의 상황은 달랐다. 공업과 제조업으로 근대 산업의 맥을 이어오던 많은 공장과 화력발전소가 기능을 잃고 도시마저 쇠퇴의 늪에 빠져 있었다.

이곳에 신 테이트 모던 미술관은 기존의 구 건축을 존중하며 고대 메소포타미아 문명에서 건축 양식을 데려와 새로운 모습으로 공간확장을 이루어 냈다. 시대의 흔적인 옛 건물과 자연스럽게 공존하며 융합하는 도시의 아이코닉 건축으로 떠올랐다. 원형의 특징을 살려 건물 자체의 상징성을 잃지 않고 재탄생한 테이트 모던 미술관은 세계 도시에 공장이나 창고 등 흉물 건축을 리모델링 해 도시 재생을 선도하는 사례가 됐다.

밀레니엄 브리지

테이트 모던 미술관을 재현하려는 전략적인 밀레니엄 프로젝트는 그동안 거부되었던 밀레니엄 브리지 건설에 원동력이 됐다. 노먼 포스터(Norman Foster)가 설계한 이 다리는 세인트 폴 성당에서 밀레니엄 브리지가 시작되는 완만한 언덕길 피터스 힐에서 매끄럽게 이어진다. 경계를 구분하지 않는 자연스러운 흐름을 형성하고 밀레니엄 브리지를 가로질러 북쪽 세인트 폴 대성당과 남쪽 테이트 모던 미술관의 공생적 관계를 상징한다. 밀레니엄 브리지는 지리적 공간을 연결하고 전통과 현대적 요소를 통합함으로써 문화적 통합을 촉진하고 지역적 격차를 제거하는 상징적 연결고리가 됐다.

대중과 융합하는 시적인 터빈 홀

아이코닉 건축 테이트 모던 미술관 변혁의 정수인 상징적인 굴뚝 아래에 있는 터빈 홀은 장대한 공간의 잠재력을 새롭게 제공했다. 동시대의 다양한 예술가들이 비전을 실현할 수 있는 대담한 시적인 표현 공간이 됐다. 터빈 홀은 보이드 공간의 기능을 품고 있다. 무한한 비움의 공간을 남겨두어 대중이 직접 참여하고 체험하는 예술적 철학이 담겨 있는 공간으로 재현됐다.

예술가들과 대중이 융합하여 사회적인 공간으로 만들어 기존 미술관 이미지를 넘어 자유롭고 친화적인 공간을 터빈 홀을 통해 볼 수 있다. 공간의 비움은 인간의 상호작용으로 창조적인 예술적 산물을 생산해 낸다. 미술관이라는 틀에 박힌 인식을 해체하고 휴식과 마음의 여유를 누리는 일상의 공간이 된다.

비움의 공간 터빈 홀

사우스 뱅크 지역은 물론 런던 전역과 세계적으로 화제가 된 미술관 방문객 수가 늘어나자 2016년에 신관을 증축했다. 피라미드가 뒤틀린 듯한 기하학적 모형을 한 신관과 등대처럼 빛나도록 개조한 굴뚝이 있는 구관의 조화는 테이트 모던 미술관의 상징이 되었으며 건축적 매력에 빠져들게 한다. 건축의 디자인은 곧 도시의 디자인이 된다. 아이코닉 건축은 건축물 자체가 브랜드를 나타내며 정체성을 함유하고 있다. 발전소를 현대 미술의 전당으로 탈바꿈시키려는 선구적 개념에서 도시의 브랜드를 구축하는 토대가 됐다. 테이트 모던 미술관 브랜드는 아이코닉 건축적 인지도를 높여 대중의 선호도를 이끌었다. 세계적인 문화적 진보를 높이며 건축과 예술품에 매료된 방문자의 유입에 따라 미술관 브랜드의 가치는 더욱 상승했다.

테이트 모던 신관

20세기 이후의 현대작품만을 전시하며 다양한 예술적 기획력은 대중이 테이트 모던을 찾아가고 싶은 이유가 된다. 파블로 피카소, 살바도르 달리, 앤디 워홀 이외에도 유명한 예술가들의 작품을 전시하는 인상적인 현대 미술 컬렉션으로 유명하다. 전시 공간, 카페, 레스토랑, 샵, 전망대 등의 공간으로 누구에게나 자유롭게 개방한 문화복합 공간을 이용할 수 있다. 세계 관광객, 미술 애호가의 방문 목적지가 되는 글로벌 문화의 경험은 삶을 더욱더 풍요롭게 한다.

성공적인 아이코닉 건축 테이트 모던 미술관은 건축물 자체에 내포하고 있는 역사적 의미와 흔적의 숨결을 느끼며 미술관을 방문하여 권위 있는 작품을 감상하는 이상의 것과 더불어 물리적 장소를 초월하여 삶의 가치를 구현하게 된다.

개방적인 문화 예술 복합공간 테이트 모던

도시의 불균형을 극복한 아이코닉 건축

런던은 가장 주목받는 세계 최대 도시이다. 템스강 유역을 따라 위치하며 금융, 정치, 문화, 교통의 중심지이다. 곳곳에 깊게 뿌리내린 전통문화가 스며들어 있으며 고전 건축물, 유명박물관, 공연장, 쇼핑 거리 등 다양한 역사적 명소들이 산재해 있다. 유구한 역사를 자랑하는 런던도 한편 도시의 불균형을 이루고 있었다. 과거 번성했던 도시가 쇠락한 산업으로 빛을 잃고 낙후되어 빈곤과 실업으로 이어졌으며 삶의 질의 저하로 사회에 악영향을 주었다. 20세기 후반 산업구조의 변화는 한 시대의 중추적 역할을 하던 곳이 지역의 흉물로 변하면서 안전의 위협을 초래하는 등 도시 문제의 심각성을 드러냈었다.

런던 정부는 도시 재생을 위한 밀레니엄 프로젝트를 야심 차게 계획하며 도시의 성장을 이루어왔다. 템스강 남쪽의 사우스뱅크에는 쇠퇴한 도시의 부활을 알리는 대표적인 아이코닉 건축을 통한 사례들이 있다. 런던 아이, 밀레니엄 브리지, 밀레니엄돔 등 상징적인 건축이 들어서며 강변의 분위기가 개선됐다. 특히 뱅크사이드 화력발전소는 리모델링 계획 단계부터 테이트 모던 미술관을 유치하기까지 문화예술복합 공간으로 혁신적인 도시의 재탄생을 전략적으로 예고했었다.

쇠퇴한 도시를 변화시킨 아이코닉 건축

아이코닉 건축은 도시의 정체성을 되찾게 한다. 장기간 방치되었던 화력발전소가 미술관으로 획기적이고 파격적인 건축 공간으로 재탄생하며 관광도시가 됐다. 사우스뱅크 지역이 활기를 되찾으며 지역주민들의 일자리가 창출되었고, 다양한 공연과 음악, 미술 관람, 여가의 프로그램을 즐기는 가장 사랑받는 도시가 됐다. 지역 이미지 쇄신뿐만 아니라 세계에서 인지도 최고의 문화 예술 복합공간으로 관광객의 유치를 증대하며 거듭난 도시로 발전했다. 역사와 전통적 권위와 명분이 있는 대영 박물관은 최다 방문객 1위 자리를 오랫동안 지키고 있었다. 그 기록을 추월하고 2019년에는 테이트 모던 미술관은 600여만 명으로 가장 많은 방문객이 다녀갔다. 최고의 미술관으로 관람객 순위 1위로 등극하며 가장 인기 있는 명실상부한 미술관이 됐다.

기증과 후원의 미학

테이트 미술관이 아이코닉 건축으로 자리매김하는 데는 정부의 공공적 의지도 중요하였지만, 이를 뒷받침할 수 있는 기증과 후원의 힘이 컸다. '테이트'라는 이름은 1889년 설탕 정제 사업을 하는 미술품 수집가 헨리 테이트(Henry Tate) 경은 자신의 소장품과 자금을 정부에 기증했다. 1897년 밀뱅크 교도가 있던 장소에 내셔널 갤러리 오브 브리티시 아트(National Gallery of British Art)가 탄생하고 이후 꾸준한 증축 작업이 이루어졌다.

1926년 갤러리의 운영과 인수를 지원하기 위해 자선 단체로 테이트 재단이 설립됐다. 1932년 기증자 이름을 따 테이트 갤러리로 공식 명칭이 바뀌었다. 수년 동안 테이트 갤러리는 다양한 기부, 인수 및 유증을 통해 지속적인 성장을 했다. 1996년 영국 재개발 파트너가 지원하는 1,200만 파운드 공공 자금을 받아 화력발전소 자리에 재개발 공사를 실행했다.

테이트 모던의 역사는 처음부터 예술품의 기증과 건립비용의 후원으로 시작됐다. 세계 최대 방문객이 찾는 유럽 최고의 현대미술관으로 나눔을 실천하고 기부를 통한 예술문화를 발전시키고 있다.

테이트 모던 신관과 연결된 계단

신관의 이름은 블라바트닉 빌딩이다. 영국 최고 갑부 중 한 사람인 영국계 미국인 사업가 레오나르도 블라바트닉(Sir Leonard Valentinovich Blavatnik)이 공사비용 중 상당 부분인 2억 6,000만 파운드를 후원했다. 테이트 모던의 유지는 수많은 기업과 개인의 후원으로 이루어지고 있다. 특별기획전시는 유료이지만 상설 전시와 공간 활용은 무료로 이용한다. 미술관 운영을 위해서는 막대한 비용 충당이 예상되는데 수많은 방문자는 양

질의 전시를 관람할 수 있고, 다양한 프로그램에 참여하며 자유로운 공간 활용이 가능하다. 이것은 방문자 모두가 받는 혜택이다. 미술관 공간은 물론 주변 환경까지 활성화가 되는 이유는 자발적인 기증과 후원의 문화가 정착하고 있는 성공적 운영의 묘미에 있다.

런던 정부는 전통적인 것을 지키면서 새로운 발전을 이루고자 하는 정책을 세우고 도시의 개발을 추진하는 맥락이 이어졌다. 런던에서 현대 미술의 중심지가 된 테이트 모던 미술관은 슬럼화된 지역을 부활시키는 발상으로 노후 된 산업시설의 과거 위에 현대의 예술문화를 새롭게 창조한 아이코닉 건축이 됐다. 테이트 모던 미술관은 공간의 무한한 가치를 제공하고 있다. 도시의 공공공간으로 변화하여 도시 이미지를 새롭게 창출하고 관광과 문화의 명소로 위상을 높이고 있다.

뱅크사이드 화력발전소의 이야기는 국경을 넘어 우리나라 및 전 세계적으로 유사한 도시 재생 프로젝트에 영감을 주었다.

테이트 모던 미술관 전시

02 빌바오 : 구겐하임 미술관

빛나는 아이콘의 탄생

20세기 후반에는 건축가들이 새로운 가능성을 탐구하고 디자인의 한계를 뛰어넘는 아이코닉 건축이 급증했다. 세계 수백만 명의 마음을 사로잡는 가장 아이코닉한 건축이 스페인 빌바오에 있다. 바로 예술 작품을 능가하는 곡선의 화려한 멋을 창출한 빌바오 구겐하임 미술관이다. 빌바오 구겐하임 미술관의 유치는 문화의 반열 위에서 시작됐다. 현대 건축 아이콘의 선구적인 건축가 프랭크 게리(Frank Gehry)의 기발한 건축은 자신만의 예술적 기량을 생생하게 표현한 비범한 세계이다. 대담하고 파격적인 건축 형태는 도시의 혁신과 창의적 실험을 표현하려는 강렬한 의지가 담겨 있다.

빌바오 구겐하임 미술관

빛이 티타늄 표면을 만나면 수많은 인터페이스가 생성되어 반사와 굴절을 일으키는 현상이 나타난다. 물질의 표면에 닿아 본질을 바꾸는 빛의 신비는 미술관 외관이 제공하는 역동적인 시각적 경험이 반영된다. 이 현상은 단순한 미적 특징이 아니라 변화를 포용하는 빌바오 자체의 진화하는 정체성에 대한 은유적 역할을 한다.

프랭크 게리의 위대한 건축은 수학적으로 복잡하고 매혹적인 곡선이 특징이다. 이 복잡한 형태는 예술과 과학의 조화로써 건축의 본질을 전달하며 관습을 초월하고 매우 독창적이다. 이는 기발한 면모를 보여주고 싶은 도시의 열망을 말해준다. 프랭크 게리의 비전을 실현하기 위해 건축가와 엔지니어는 정밀도와 시공 용이성으로 유명한 프랑스 항공 우주 회사에서 개발한 3D 모델링 프로그램인 CATIA(Computer Aided Three-Dimensional Interactive Application)를 채택했다. 정밀한 소프트웨어 CATIA를 사용하여 독특한 디자인을 창조할 수 있었다.

곡선으로 표현한 독창적인 형태, 빌바오 구겐하임 미술관 외부

파도처럼 움직이는 듯한 티타늄 클래딩 곡선과 결합한 미술관 메스의 연동 볼륨은 역동적이고 유동적인 외관을 구현했다. 게리의 건축 사상은 전통적인 건축 관습에 도전하고 파편화와 왜곡을 강조한 해체주의 사상이 담겨 있다. 구겐하임 미술관의 해체적 경향은 물고기 모티브가 건축에 통합되는 방식에서 볼 수 있다.

물고기를 중첩, 왜곡 및 조각함으로써 강과 밀접한 해양도시의 공간적 특성과 정체성을 구축했다. 미술관 피부에서 수많은 티타늄 조각이 결합해 물고기 비늘처럼 특별한 질감을 암시적으로 묘사했다. 건물 외관의 깊이와 풍부함을 더해 도시의 생명을 불어넣는 아이코닉 건축이 네르비온 강가에 탁월한 자태로 탄생했다.

네르비온 강가에 물고기가 중첩된 모양 빌바오 구겐하임 미술관

항만도시 빌바오의 쇠퇴

스페인 북부 바스크 지방에서 가장 큰 항구도시 빌바오는 경제 중심지로 위상을 떨쳤었다. 20세기 중반까지 강력한 산업 기반으로 더욱 활발하게 철강산업이 융성했다. 풍부한 자원이 산재한 빌바오는 북아메리카, 서유럽

국가들과 교역하기에 지리적 이점이 있는 북대서양 연안에 있어 주요 유럽 항구와 연결하는 곳이었다. 바다와 이어지는 네르비온 강을 따라 어업, 조선업, 광업이 발달하고 철제 제품을 수출하며 금융의 요지로 성장했었다.

가장 부유한 항구도시 빌바오는 1970년 이후 철강 자원이 고갈되어 갔다. 1980년 들어 한국을 포함한 아시아 신흥경제 국가들은 빌바오의 철강 산업에 위기를 안겨주었다. 철강산업의 국제 경쟁의 영향은 빌바오가 주력했던 산업이 급속하게 침체의 늪으로 빠져들었다. 또 무장 세력이 바스크 지방의 독립을 요구하는 테러의 문제도 정치적 불안을 조성하고 시민들의 생활환경을 더욱 악화시켰다.

1983년 강타한 대홍수는 도시의 생명수인 네르비온 강에 흘러 들어온 산업 폐기물로 인한 수질 오염과 전염병 확산 등 도시의 상태는 더욱 심각한 결과를 가져왔다. 빌바오의 중심부를 흐르는 네르비온(Nervion) 강은 과거 도시의 산업에 얽힌 풍부한 역사의 희망이었다. 무역과 운송의 중요한 동맥 역할을 하며 경제의 중심지가 되도록 빌바오 산업 부문에 성장을 촉진하는데 허브 역할을 했다. 한때 산업의 강이었던 네르비온 강은 도시 산업의 쇠퇴 탓에 죽음의 강이 됐다. 세계에서 가장 심각하게 높은 수준으로 오염된 강 중의 하나가 됐다.

탈산업화의 영향은 폐쇄된 공장, 빈 산업 공간, 버려진 창고가 빌바오 전역에 난무하게 나타났다. 황폐된 산업의 쇠퇴는 극심한 실업률을 35%까지 치솟게 하고 생계를 찾아 도시민과 기업 모두 이탈로 이어졌다. 인구의 감소를 초래한 빌바오는 도시의 정체와 공동화 현상이 나타나 도시 슬럼화 지역으로 변해갔다. 도시 존폐 위기에 몰려 악조건이 된 도시 문제는 사회, 경제, 정치를 포함한 도시 생활과 시민 삶의 질 모든 측면에서 도시 재생에 대한 필요성이 절실했다. 빌바오시는 도시 재생 프로젝트의 종합적인 전략계획을 수립하게 됐다.

도시의 운명을 형성하는 건축 문화마케팅 전략

부유했던 도시 빌바오가 직면한 산업의 쇠퇴, 정치적 불안, 자연재해, 환경오염은 도시 이미지에 악영향을 미치고 지역에 대한 부정적인 인식으로 이어졌다. 혼잡한 고민에 잠겼던 빌바오 정부 관계자와 시민들은 위기를 극복하고 쇠퇴에서 벗어나려는 불굴의 의지를 보였다. 절망은 변화의 촉매제가 된다. 곤경에 굴복하지 않고 변화의 길을 찾아 나섰다.

빌바오시는 도시의 운명을 되돌리기 위해 종합적인 도시 재생 프로젝트 실행 조직을 구성했다. 범 빌바오 차원의 25개년 장기계획 수립과 함께 정책발견 및 사업추진 조직을 구성하는 사업이었다. 공공과 민간 기업의 협력 조직 '빌바오 메트로폴리(Bilbao Metropoli) 30'과 중앙 정부, 바스크 자치 정부, 빌바오시 당국과 시민 단체를 대표하는 '빌바오 리아(Bilbao Ria) 2000' 간의 협력은 도시의 비전과 다양한 전략을 구현했다.

어려움에 굴하지 않고 빌바오는 도시를 재생하기 위해서 세계적인 마케팅 전문가 필립 코틀러(Philip Kotler, 미국 1931~)를 초청하여 자문받았다. 일종의 '에펠탑' 같은 아이코닉 건축이나, 기념물 및 흥미로운 기능을 하는 건축 걸작이 빌바오 부활의 촉매제가 된다고 언급했다. 에펠탑처럼 아이코닉 기능이 필요하다는 것은 건축물 자체가 도시의 운명을 형성하는데 통찰력 있는 제안이었다. 솔로몬 R. 구겐하임 재단(Solomon R. Guggenheim Foundation)과 파트너십을 맺었다.

미술관 설계 공모는 세계적인 건축가 3명을 지명하여 진행했다. 프랭크 게리(Frank Gehry), 이소자키 아라타(Isozaki Arata), 쿨 힘(Coop Himmelblau)은 모두 혁신적이고 독특한 디자인 접근 방식으로 유명한 건축가다. 이번 미술관 디자인에서 프랭크 게리(Frank Gehry)의 제안이 주변 환경과의 연결성 및 독창성을 강조해 눈길을 끌었다. 프랭크 게리의 디자인은 특히 1990년대의 맥락을 고려할 때 매우 실험적 디자인이었다.

프랭크 게리에게 위임결정은 빌바오를 타 도시와 차별화하고 세계 무대에서 명성을 다시 확립할 특별한 것을 창조하려는 대담한 비전을 보여주었다. 도시 변화의 주체로서 문화와 예술의 잠재력을 인식한 빌바오는 야심을 품고 목표를 세웠다.

문화의 아이콘 건축 구겐하임 미술관 등장

빌바오 정부는 세계 사람들이 빌바오를 찾아오도록 유인하기 위해 구겐하임 미술관을 유치했다. 아이코닉 건축은 곧 도시의 관광 상품이 됐다. 세계 사람들은 독특한 관광 상품을 구해 문화적 자본을 충족하러 빌바오를 찾는다. 구겐하임 미술관은 도시 재생과 변화를 이루어 가며 단순한 건물의 기능을 넘어서 전 세계적으로 인정받는 문화적인 명소가 됐다. 네르비온 강어귀를 따라 미술관을 건설하는 것은 우연이 아닌 장소마케팅의 성공적 결과이다. 관광객의 유입은 일자리 창출, 호텔, 레스토랑 및 관련 산업 활성화를 위한 도시 전반적인 재개발의 물결로 이어졌다.

빌바오 구겐하임 미술관 전시품 루이스 부르주아의 대표작, 거미

빌바오 구겐하임 미술관은 도시가 위기에 처했을 때 중요한 역사적 순간을 기록하는 산물로 태어났다. '문화'라는 구체적인 마케팅 콘셉트를 통해 방문하고 싶은 인기 있는 도시가 됐다. 세계적으로 유명한 보석 같은 아이코닉 건축의 존재는 도시를 문화적으로 특화했다.

문화의 마법적 전략과 아이코닉 건축 구겐하임 미술관의 결합은 현지인과 관광객 모두의 관심을 끌며 도시의 운명을 바꾸었다.

도시를 살리려는 강력한 의지로 전략적인 계획과 예산을 세워 구겐하임 미술관은 1991년 설계 디자인에 들어가 1993년 착공했다. 마침내 1997년 10월 빌바오시 네르비온 강변에 우아하게 정박한 배를 연상하는 독특한 문화의 아이콘 구겐하임 미술관이 개관했다. 부지 면적은 약 32,700㎡이고 건축 면적 자체는 약 24,000㎡이다. 미술관 내부는 9,000㎡ 갤러리 공간을 제공한다.

구겐하임 미술관 첫인상은 매우 강력하게 각인된다. 누구나 넋을 잃게 만드는 환상적인 건축의 주재료는 티타늄과 석회암 그리고 유리로 구성됐다. 유려한 항공 우주에서 일반적으로 사용하는 티타늄 33,000장으로 덮인 인상적인 외관은 그 자체로 경이로움이었다. 금빛 물고기가 서로 엉켜 헤엄치는 모습은 0.3mm 정로도 얇은 티타늄 재료의 물성이 주는 매력이다. 바람에 결에 자연스럽게 움직이는 구겐하임 미술관은 매일 변하는 날씨에 따라 은빛과 금빛으로 수놓아 환상의 '금속 꽃'이라는 애칭을 얻었다. 티타늄은 녹슬지 않는 재료로 비가 자주 오는 빌바오 기후에 알맞은 마감재이며 빛을 아름답게 흡수 반사하는 성질이 있다. 관람자들은 움직이는 각도에 따라 색다른 느낌을 준다. 미술관 외피 특유의 물성에서 빛어 나오는 은은한 반사 효과가 신비스러운 미학을 창조했다.

예술적인 빌바오 구겐하임 미술관

빌바오 구겐하임 미술관의 대 아트리움에 들어서는 순간 스며드는 빛의 향연에 사로잡힌다. 높이가 55m에 이르는 미술관에서 가장 높은 부분 천장은 웅장함과 개방감 있는 시각적 효과를 준다. 공간 전체에 밝은 환경을 조성하기 위해 천장과 엘리베이터는 커튼월 공법으로 마감됐다. 자연광의 전략적 사용은 작품의 가시성을 높이고 실내 공간의 친환경 에너지 효율적이다.

빌바오 구겐하임 미술관 아트리움

미술관 3층 아트리움은 공간의 중심축 역할을 한다. 비정형적으로 둘러싼 독창적인 레이아웃은 다양한 방향으로 뻗어 크고 작은 전시 공간을 만들어 매혹적인 디스플레이를 만든다. 구겐하임 미술관은 19개의 전시실로 구성되어 있다. 9개의 전시실은 외부에서 보면 티타늄으로 외피 마감된 유기적이고 불규칙한 공간을 형성하고 있다. 게리 특유의 건축적 특성이 돋보이는 가장 길고 넓은 전시 공간에는 미국 조각가 리처드 세라(Richard Serra, 1938~)는 작품 '시간문제(The Matter of Time)'을 영구히 설치해 예술적 매력을 더한다. 10개의 전시실은 석회암으로 외장마감 처리했다. 사각 구조 전시 공간은 훌륭한 예술 작품을 몰입감 있게 감상하는 경험을 갖게 된다.

리처드 세라의 영구 전시 작품, 시간의 문제

독특한 전시 공간을 탐험하면서 건축과 예술이 자연스럽게 합쳐지는 세계에 빠져들게 된다, 예술적 표현이 캔버스와 조각의 한계를 넘어 공간 자체와 역동적인 대화를 나누게 된다. 빛, 형태, 움직임의 상호작용은 예술의 깊이 차원을 더해 커다란 조각 그 자체가 놀라운 예술 작품이다.

20세기 탁월한 건축물 중 하나이자 인류가 만든 건축 업적의 진정한 걸작으로 칭송받으며 국제적인 갈채를 받았다. 구겐하임 미술관의 성공은 단순한 미학을 뛰어넘는다. 도시를 활성화하고 문화적 부흥을 촉발하는 건축의 변혁적 힘을 상징한다. 유려한 선과 자연의 빛과 결합 작용을 일으키는 이 미술관은 인간의 창의성과 혁신에 대한 증명이었다.

한 도시의 운명을 결정하는 건축의 잠재력에 대한 살아있는 물리적표현으로 서 있다. 한때 마드리드, 바르셀로나, 톨레도, 세비야의 매력에 잊혔던 빌바오는 이미 스타 건축가로 알려진 프랭크 게리의 아이콘 선구적인 건축적 기량과 금속의 꽃인 구겐하임 미술관의 지속적인 매력 덕분에 전 세계 무대에 가장 호응도 높은 위치로 부상했다.

아이코닉 건축 빌바오 구겐하임 미술관의 성공담은 끝없이 전개된다. 건설비용 총 1억 3천5백만 유로가 투자됐다. 바스크주 정부는 막대한 예산에도 불구하고 성공의 의지를 다지고 미국에서 1억 2천만 유로를 차입했다. 구겐하임 미술관에 투자된 금액을 회수하기 위해서는 연간 1991년 예상 관람객 40만 명 정도면 가능한 투자금 수치 계산이 나왔다. 이러한 예상을 뒤엎고 빌바오 구겐하임 미술관 개관 이후 연간 관람객은 100만 명이 넘게 COVID19 이전까지 찾아왔다.

빌바오 구겐하임 미술관과 살베 다리

도시 재생과 '빌바오 효과'

과연 죽어가는 도시에 독특한 미술관 건립만으로 세계 각지에서 관광객이 몰려올 수 있을까? 바스크 자치 정부는 수많은 전략적 회의를 통해 도시 전체를 아름답게 만들기 위해 우선 강을 살리기로 하고 막대한 예산을 투자했다. 무려 8억 유로이다. 빌바오를 재활성화하기 위한 전략적인 계획은 도시의 이미지 개선, 지역 경제 활성화 및 시민 삶의 질 향상에 중점을 둔 포괄적이고 야심에 가득한 계획이었다. 도시를 활기찬 문화 센터로 변모시키고 전반적인 기반 시설과 환경개선을 목표로 하는 데 광범위하고 종합적인 프로젝트에 포함됐다.

도시의 이미지 변환의 투자를 유치하기 위해 사회 인프라를 대대적으로 개편했다. 지하철, 공항, 교량, 도로 등의 대중교통을 개선하여 효율적이고 접근하기 쉬운 도시 교통 시스템을 만들었다. 아반도이바라(Abandoibarra) 지역의 네르비온 강변 항만시설, 공장을 이전해 수변 활성화, 녹지 및 산책로 조성, 수질개선 등 전반적인 환경 생태계 복원에 중점을 두었다. 주민들을 위한 여가 공간을 제공했을 뿐만 아니라 도시의 전반적인 지속가능성과 생태학적으로 건강한 도시 이미지로 변모했다.

빌바오 구겐하임 미술관이 있는 변화된 문화의 도시 빌바오

대학 캠퍼스, 도서관, 운동장, 콘서트홀 등의 문화 및 교육 시설을 추가하여 창의적이고 지적인 자극을 주는 환경을 조성했다. 문화 공간과 교육 기관의 개발은 빌바오를 예술, 문화 및 학습의 목적지로 만드는 데 중요한 역할을 했다.

보행 전용 공간의 확대와 대형 복합쇼핑몰의 건설은 더 많은 사람이 도보로 도시를 경험할 수 있도록 편의를 제공하기 위한 것이었다. 보행자 친화적인 지역을 우선시함으로써 빌바오는 주민과 방문객 모두에게 더 살기 좋고 즐거운 도시 경험을 제공하고자 했다. 만성적인 교통 체증을 해결하기 위해 중단된 트램 시스템을 부활했다. 철도 트램의 재도입은 대안적인 교통수단을 제공하고 개인 차량에 대한 의존도를 줄이고 혼잡을 완화하며 보다 지속가능한 도시 교통 네트워크를 연결해 이동의 편리함을 제공했다.

이러한 정책과 계획된 프로젝트의 일관된 구현을 통해 빌바오는 위기에 처한 도시에서 번성하는 문화 및 경제 중심지로 성공적인 도시 재생을 이루었다. 인프라 개선, 환경 복원, 문화 개발 및 교통 개선의 조합은 빌바오를 도시 재생의 모델로 만들고 전략적 계획과 비전이 놀라운 도시 변화에 대한 성공 신화를 만들며 '빌바오 효과'라는 신조어를 탄생시켰다.

'빌바오 효과'는 흔들리지 않는 정부 관계자의 결단력과 변화를 수용하려는 집단적 의지가 있었다. 위기에 처한 도시가 전략적 기획과 과감한 도시 재생, 예술과 문화에 대한 깊은 통찰력을 통해 정체성을 구축하고 운명이 바뀌었다. 구겐하임 미술관은 빌바오 도시 변화의 중심에서 단순한 문화 기관으로서 역할을 초월한 아이코닉 건축이다. 빌바오 도시문화의 핵심적 아이콘이 되었고 전 세계의 예술 애호가와 관광객을 끌어들였다. 티타늄을 입힌 곡선과 전면적인 형태는 도시의 새로운 활력과 혁신적인 미적 추구를 반영했다.

'빌바오 효과'는 구겐하임 미술관의 상징성과 예술성이 강한 존재감을 자랑하는 핵심적인 역할뿐만 아니라 도시 생활의 모든 측면에 서 함께 일궈낸 파급 효과이다. 사회 인프라 활성화에서 환경 생태계 복원에 이르기까지 빌바오는 도시를 살리기 위한 다각적 방면에서 새로운 생명을 불어넣었다. 한때 오염되었던 강둑은 아름다운 녹지 공간으로 탈바꿈하여 도시와 자연환경 사이의 유대감을 조성했다.

도시 재생에 대한 구겐하임 미술관 건립과 도시 전체의 문화마케팅 전략은 전 세계 도시에 영감의 원천이 됐다. 변화를 위해서는 정체성이 완전히 바뀌었다. 변화에 두려워 머무르지 말고 받아들여야 한다. '빌바오 효과'는 절박한 순간에 기회의 씨앗을 뿌렸다. 도시의 운명이 달린 문제에 공공 및 민간 이해 관계자를 통합하고 정치적 분열을 초월했으며 더 밝은 미래를 위한 공유된 비전을 수용했다.

주민이 불편하지 않은 빌바오 구겐하임 미술관 전경

지금 빌바오에는 생명수가 된 네르비온 강어귀에 영원히 정박해 있는 배 한 척이 우아하게 자태를 빛내고 있다. 그 빛을 향하여 세계 여행자들은 문화를 따라 여행을 떠난다. 빌바오 도시 구조와 환상적인 주변 환경과 완벽하게 결합한 장엄한 조각적 구겐하임 미술관이 아이코닉 건축의 이정표가 됐다. 도시의 인구보다 세 배가 더 많은 방문객을 맞이하며 문화를 상징하는 아이코닉 건축으로 구겐하임 미술관은 도시 경제의 원동력이 되며 희망의 꽃을 피우고 있다.

빌바오 구겐하임 미술관 같이 아이코닉 건축은 도시와 사회 전체에 광범위한 영향을 미치고 있다. 빌바오 구겐하임 미술관에서 받은 영감과 프랭크 게리의 파격적인 스타일은 계속해서 전 세계 건축과 도시 개발의 궤적을 형성하고 있다.

03 도하 : 카타르 국립박물관

시대를 망라한 사막의 도시 도하

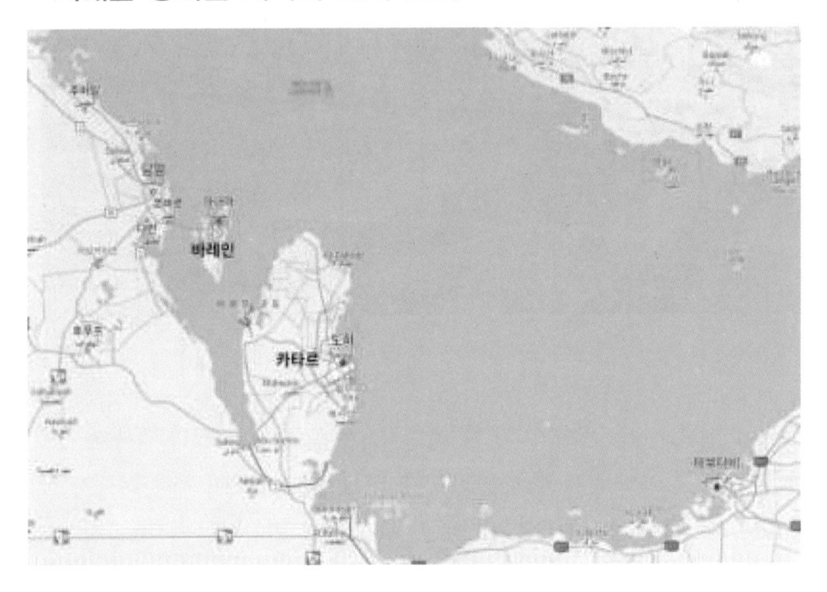

인간이 살아가는 자연은 무한한 환경에서 다양한 조건을 제시한다. 도시는 자연에 매장된 자원을 개발하며 인간의 삶을 유지하고 활력을 불어넣어 왔다. 중동의 작은 나라 카타르는 삼면이 페르시아만에 접해 있다. 기원전부터 황량한 사막 지대였으며 19세기 이전에는 아랍 지도에 표시되지 않은 인지도 낮은 곳이었다. 한국의 경기도 크기 정도 되는 카타르는 불모지 사막에서 미래 도시로 성장해 건축의 표현 언어를 창조하고 위대함을 표상

하는 기적의 도시가 됐다. 사막의 현대적 아이코닉 건축을 찾아 중동의 나라 카타르의 수도 도하(Doha)로 가보자. 도하(Doha)는 큰 나무를 의미하는 'ad-dawha' 고대 아랍어이다.

도하에 대한 역사의 기록은 카타르 반도의 동부 해안을 따라 발판을 마련한 소박한 어촌 마을에서 시작한다. 도하는 바다의 보물인 진주 채취와 어업이 주 경제적 수단이었다. 알-타니(Al-Thani) 가문이 카타르의 중추 세력으로 통치했다. 역사의 흐름은 후에 바레인의 알-칼리파(Al-Khalifa)가 카타르와 바레인 영역에 들어와 권력을 내세우며 영토를 차지하려는 분쟁이 있었다. 현재까지도 알-타니와 알-칼리파 사이의 긴장은 지속적인 그림자로 남아 있다. 1916년 영국이 아라비아 점령하고 카타르는 보호국이 됐다.

도하의 어촌 마을

천연 보석의 여왕이라 불릴 만큼 신비스럽고 은은한 빛으로 사랑받고 있는 오리엔탈 진주는 미세한 알맹이가 진주조개에 들어가 진주 형성 물질에 의해 주옥같은 진주가 된다. 20세기에 페르시아만 일대 두바이만이나 도하 등은 진주조개가 생식하기에 적합한 환경이었다. 카타르는 천연 진주를 채취해 수출하는 것이 주요 경제적 수단이었다. 수심 15m~20m 내외의 바닷속 바위에 붙어서 사는 진주조개를 캐는 일은 쉬운 일이 아니다. 20세기에 도하는 85개의 진주 생산 지역, 350척의 함대, 6,300명의 선원이 있었다. 진주조개를 찾는 일은 그야말로 보석을 찾는 일이나 다름없었다.

카타르 국민의 전통 생업이 크게 위기를 맞이했다. 1930년 일본의 양식 진주를 개발하여 세계 수출 시장을 열며 카타르와 이웃 나라에 예기치 못한 경제적 위기가 다가왔다. 기술의 혁명은 품질과 가격 면에서 안정적인 공급이 가능하면서 수요도 늘어나 진주 사업이 더욱 확대됐다. 이는 카타르 경제를 침체의 그림자로 드리웠다. 빈곤의 덫에 걸렸던 카타르는 1939년 석유 채굴이 구체화 되면서 변화의 기적을 일으키는 도시가 된다. 도하에 인구 절반 이상이 밀집해 있다.

도시의 부를 창출하는 산업과 미래

1971년 9월 3일 카타르는 영국에서 독립하면서 독자적인 나라가 됐다. 일반적인 상식이 없이 지도에서 도하를 찾기는 쉽지 않은 위치에 있다. 현대 도시의 짧은 역사에 비해 경제적 강대국으로 부흥한 카타르 경제의 중심지 도하는 석유 산업과 천연가스 산업이 주요 산업으로 발전해 왔다. 또 미래를 지향하며 교육, 문화, 방송 등에 초점을 맞추어 산업의 다각화에 많은 진전을 이루었다. 도하 변혁의 핵심에는 교육이 있었다. 유명한 카타르 대학(Qatar University)을 비롯한 우수한 미국의 유명 대학이 분교를 두고 있어 학문적 우수성의 초석을 세웠다. 교육에 대한 카타르 정부가 힘을 쏟고 있는 분야이다.

도하의 역동성은 놀라운 수준에 도달해 있다. 2006년 아시안 게임의 성공적인 개최는 도시를 빛낼 수 있는 길을 닦았다. 큰 기대를 모았던 2022

년 FIFA 월드컵은 그랜드 이벤트를 조율하는 도하의 능숙함을 보여주면서 세계의 관심을 끌었다. 고온 다습한 사막기후를 고려해 설계한 수준 높은 경기장 건설은 도하 특유의 아이콘이 되었고 도하가 스포츠 문화 도시로 성장하는데 일익을 했다.

부의 열망은 도하의 혁신적 교육과 문화, 스포츠를 넘어 전파 자체를 통해 울려 퍼진다. 혁신적인 도약으로 이 도시는 2018년에 선도적으로 5G 새로운 무선 네트워크 서비스를 도입했다. 디지털 인프라 구축에도 매진하고 있다. 진주 조개잡이 카타르 이미지에서 번화한 하마드 국제공항까지 원활한 연결을 보장한다. 데이터의 속도와 경계를 초월하는 네트워크 도하는 디지털 혁명의 최첨단 입지를 굳히고 있다.

발전된 도하

사막 장미의 불가사의한 형성

도하에는 자연의 아름다운 산물들이 도시를 상징하는 모티브를 제공한다. 과거에는 바닷속 깊이 숨어 있는 진주조개의 보석 같은 이야기가 숨어 있었다. 최대 도시로 발전한 사막의 나라 도하는 아름다운 장미를 연상하는 인공물이 꽃을 피웠다. 자연적인 사막 장미(Desert Rose)에서 건축가 장 누벨(Jean Nouvel)은 아이디어를 고안했다. 사막의 모래 장미는 바닷물에 용해된 미네랄과 석고를 머금던 수분이 증발하며 생성한다. 모래 알갱이와 융합하는 증발과 결정의 과정을 거쳐 만들어지는 결정체이다. 사막 환경에서만 발생하는 결정체들이 서로 만나 장미꽃과 유사하게 복잡한 꽃잎 모양을 만들어 일체화한다. 매우 드물게 나타나는 사막 장미는 거친 풍토에서 아름다움을 창조한 희소성 있는 행운의 상징으로 자연이 주는 선물이다. 이러한 자연의 신비는 건축가에게 지역적 특색을 상징하는 창의적인 생각을 하도록 영감을주었다.

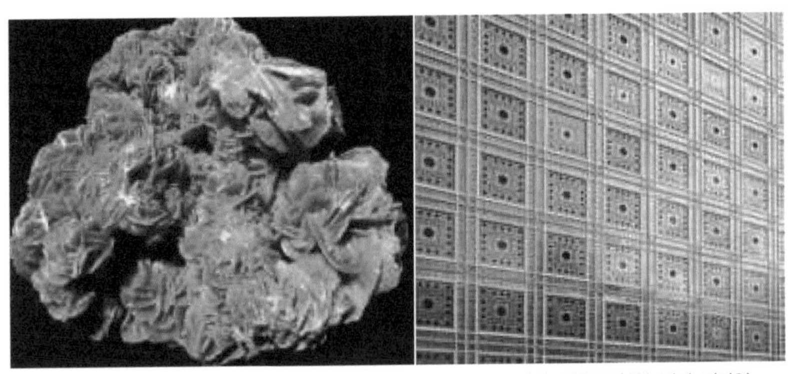

사막 모래 장미　　아랍 전통 문화원 외피 디자인

장 누벨(Jean Nouvel, 1945~)은 세계적으로 찬사를 받는 프랑스 태생의 저명한 건축가로 자신만의 독창적인 작품세계가 뚜렷하다. 투명함과 빛, 그림자를 적용하는 건축 철학이 담긴 아이코닉 건축을 구축했다.

1980년대부터 현대 건축의 거장으로 불릴 만큼 화려한 경력과 건축 스타일을 가지고 있었다. 1987년 유럽 최대 도시 프랑스 한가운데 색다른 외형 디자인에 사로잡히는 파리 아랍문화원이 개관했다. 장 누벨의 지위를 확고히 하고 거장으로 끌어올린 대작이다.

아랍 문화의 유산인 아라베스크(Arabesque) 장식 패턴을 기하학적으로 배합하여 그의 건축에 능숙하게 적용했다. 카메라의 조리개와 유사한 자동 조명 제어 장치를 설치하여 빛 조절이 가능한 현대적인 외관을 채택했다. 문화원 내부로 스며드는 그림자는 아랍 전통 문양을 모방해 공간 장식을 연출하는 아라베스크 모양 창 디자인을 현대적으로 재해석했다.

도하의 초고층 빌딩 숲

도하의 신도시 지역 웨스트 베이(west bay)는 특이한 건축의 도시 경관이 있다. 장 누벨이 설계한 아이코닉 건축, 도하 타워(Doha tower, 2012)는 상부로 올라갈수록 조금씩 좁아지면서 긴 원통 형태로 둥글고 길며 뾰족한 첨탑이 있어 다른 건축들과 구별되어 보인다. 외피 디자인은 더블 스킨으로 이루어졌다. 마슈라비야(Mashrabiya) 패턴 모양 알루미늄 프레임을 제작해 아랍 전통적 외피 스크린을 만들었다. 이는 아랍 풍토적 건축의 특징으로 햇빛을 가리게 하는 창 디자인을 모방해 왔다.

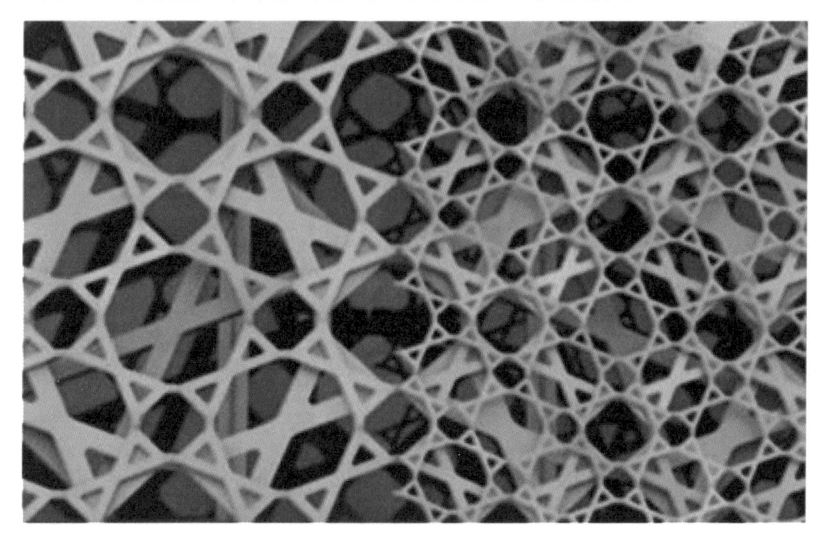

마슈라비야 아랍 전통 문양 외피 디자인

외피는 스크린을 여러 장 중첩해 건물의 하중을 지지하는 구조를 구축했고 기둥이 방해 하지 않는 넓은 공간을 확보했다. 장 누벨이 구현한 독특한 아랍 건축에 나타나는 다이아 그리드 기법은 도하의 지리적 조건과 기후적 본질을 포착한 독창적 기법이다.

장 누벨의 탁월한 건축적 추구는 루브르 아부다비(Louvre Abu Dhabi, 2017)의 신성한 공간을 장식한다. 상징적 돔 지붕은 사막의 희귀한 오아시스에 야자수 잎이 얽혀있는 디자인에서 장 누벨의 놀라운 예술성을 또한 번 만날 수 있다. 이 디자인은 그림자와 빛이 이끄는 사막 태양의 끊임없는 더위에도 영향을 받지 않는 시원함을 제공해 준다.

미의 본질은 경탄이 있는 것들에 있다고 자신만의 추구하는 건축 세계가 확고한 건축가 장 누벨(Jean Nouvel)은 사막의 모래 장미(Desert Rose)의 심오한 의미를 인식했다. 일시적인 아름다움과 행운의 상징적 물체에서 영감을 얻은 장 누벨은 그 본질을 박물관 디자인 개념에 적용했다. 곡선형 윤곽과 복잡한 패턴은 사막 장미의 섬세한 입자들이 얽혀 자연과 인간의 영역 사이의 조화로운 창의적 공존을 이루어 냈다.

비전 있는 지도자와 건축가의 창조적 본질

카타르 문화 경관의 중심에는 조예 깊은 지도자가 감독하는 기관이 있다. 카타르 국립박물관협회(QMA; Qatar National Museum Association) 회장 알 마야사(Al-Mayassa) 공주는 아랍 현대 미술관(Arab Museum of Contemporary Art)과 아랍 박물관(Arab Museum)을 비롯한 유명한 박물관을 관리하고 있다. 그러나 그녀의 가장 상징적인 노력은 카타르 국립박물관으로 고대 전통과 현대적 표현 사이의 간 극을 연결하려는 의지가 있었다.

산유국의 왕족 문화 의식은 풍요로운 부는 베풀어야 한다는 사고가 있다. 자선의 중심에는 신이 보낸 기름을 신성한 선물로 여겨 국가의 부를 공유한다는 사회적 기풍이 있다. 다시 되돌려주어야 한다는 개념은 문화와 도시 경관을 장식하는 화려한 건축적 성과로 증명했다. 고가로 구매한 유명한 예술품이나 도시를 자랑하는 아이코닉 건축의 창조물은 국민에게 우아하게 바치는 문화적 배경과 국가의 정체성 이미지 변신이다.

세계적으로 급성장하는 페르시아만 인근 국가 중 걸프협력이사회(Gulp Cooperation Council, GCC)의 회원국인 카타르, 사우디아라비아, 아랍에미리트(UAE), 쿠웨이트, 오만, 바레인은 재정적 능력을 과시하며 예술적 우위를 추구하기 위해 경쟁하고 있다. 카타르는 연이어서 저명한 건축가가 설계한 예술과 문화의 확고한 의지를 보여주는 아이코닉 건축을 구현했다.

세계적인 건축가 아이엠 페이(I.M Pei)가 설계한 호화로운 걸작 이슬람 예술 박물관(Museum of Islamic Art, 2008)은 과거 이슬람 유물들을 전시하는 목적으로 개관했다. 이슬람 여인이 히잡을 쓴 형태는 아랍 현지 문화를 상징적으로 표현했다. 또 장 프랑수아 보댕이 설계한 마타프 아랍 현대 미술관(Mathaf Arab Museum of Modern Art, 2010)이 문을 열었다. 회화 작품과 조각품, 인물사진 등 현대적 작품들을 전시한다. 카타르는 유명한 건축가들을 영입해 아이코닉 건축을 확산시켜 도시의 위상을 대변했다. 카타르 국립박물관(National Museum of Qatar, 2019) 프로젝트는 프랑스 최고 현대 건축가 장 누벨에게 과업을 맡겼다. 문화적 혁신의 영역에서 뛰어난 건축가 장 누벨은 변혁의 힘으로 부상했다.

장 누벨의 철학은 그의 건축 작품을 통해 반영된다. 건축적 관점은 그를 분석적 사고의 거장으로 만들었다. 전통의 한계를 깨고 맥락과 목적에 공감하는 혁신적인 공간을 만들어 낸다. 그의 디자인은 형태와 기능의 조합이며, 상상과 현실 사이를 오고 간다. 자연적인 아름다움과 독특한 지형적 요소 바다가 사막을 만나는 카타르 풍경은 장 누벨에게 아이코닉 건축 걸작을 창조할 영감을 제공하기에 충분했다. 카타르가 고유의 원시적 본질에 지리적 특징과 건축학적 상상력을 엮어 완전한 유토피아 카타르 국립박물관을 탄생시켰다.

장 누벨의 카타르 국립박물관은 단순한 건물이 아니다. 시간, 문화 및 의식을 통한 보물을 찾아가는 여행이다. 그는 전통적인 진열창의 개념을 깨고 고대와 현대가 조화로운 문화를 수렴하는 공간을 상상했다. 방문객들은 경이로운 미로를 가로질러 그들의 역사에 생명을 불어넣는 전시 관람에 빠져들게 된다.

방문자가 카타르 국립박물관의 문을 통과하면 알 마야사 공주의 비전과 장 누벨의 독특한 공간 예술세계가 카타르 영혼의 심장부로 파고든다. 아이코닉 건축은 인간 창의성의 무한한 가능성에 대한 물증 역할을 한다. 그들의 협력 정신에 대한 살아있는 공간인 카타르 국립박물관은 카타르의 미래 꿈이 담긴 생생한 이야기를 경험하도록 문을 열어 놓았다.

험난한 사막 여정과 아름다운 성공

사막에서 스스로 생성한 모래 장미처럼 아무 데서나 볼 수 없다. 이처럼 특유한 형태로 카타르 국립박물관이 2019년 3월 27일 개관식을 했다. 믿어지지 않을 만큼 독특한 외관에 매혹된다. 아이코닉 건축은 외관의 형태가 특출나게 독특해 첫눈에 알아보게 된다. 카타르 박물관 청은 2011년 9월 4억 3,400만 달러(약 4,700억 원) 규모의 프로젝트를 발주했다.

한국의 건설회사는 글로벌 경쟁사들과 경쟁에서 카타르의 정체성을 흔들어 버릴 아이코닉 건축을 수주했다. 기존에 있던 국립박물관 자리에 지하 연 면적 4만 6,595㎡이고 지하 1층, 지상 5층 규모이다.

원형 패널을 맞물리게 조립한 카타르 국립박물관

눈을 의심할 정도로 사막의 모래 장미와 닮은 아이코닉 건축 카타르 국립박물관은 유클리드 기하학의 복잡성이 시도된 인간 승리의 도전이다. 우선 철골로 사막 장미의 구조체를 세웠다. 현대건설의 실무 엔지니어들은 시공을 위해 특수 재료인 섬유 보강 콘크리트 7만 6,000여 장의 섬유 보강 콘크리트(FRC; Fiber Reinforced Concrete)를 제작하여 높은 기술력이 수반되는 일을 해냈다. 디스크 크기가 각기 다른 316장의 원형 패널을 제작해 하나씩 꿰맞추었다. 꽃잎 하나 만드는데 4개월여 시간이 걸리는 정교한 작업이 진행됐다.

성공적인 프로젝트를 수행하기 위해서 사전 실험 단계를 거쳤다. 비정형적 기하학적 건축을 실현하기 위해서는 3차원 빌딩 정보시스템(3D BIM·3 Dimension Building Information Modeling)을 최초로 건축 전 과정에 공사관리 기법을 도입했다. 본 공사에 앞서 3분의 1 크기로 축소한 실재 건축물 목업(Mock-up)을 제작한 뒤 잠재적인 시공 오류를 예측했다. 건축가와 엔지니어는 모든 섬유에 완벽함이 새겨질 때까지 각도, 곡선 및 접합부를 면밀하게 조사하는 테스트를 거쳤다.

공사 전

공사 후

행복의 상징물로 사막 역사에 길이 남을 아이코닉 건축이 환상적인 프로젝트이다. 카타르 국립박물관은 인간 노력의 한계를 시험하려는 것처럼 험난한 인내의 과정을 거쳐 성공의 꽃을 피우는 과정이었다. 역사적인 걸작을 만들기 위한 초기 건설 단계에서 예상치 못한 문제가 발생했다. 미완성 방벽으로 인해 바닷물이 끊임없이 유입되어 현장이 긴급한 혼란에 빠졌다. 페르시아만의 거센 파도가 장벽을 허물고 자연의 힘을 극명하게 상기시켜 주었다. 기술적 복잡성을 해결하며 진행하는 과정에서 협력업체들과 씨름

하며 갑자기 건설이 중단되는 상황도 발생하곤 했다.

설계 디자인을 변경하는 클라이언트의 요구를 반영하여 끊임없는 변화를 겪었고, 혹독한 여름에 기온이 섭씨 50도를 넘는 사막의 잔인한 태양은 복잡성을 추가했다. 가장 주목할 만한 과제 중 하나는 현장에 수렴된 문화와 언어의 소통이었다. 인도, 방글라데시, 네팔 등 다양한 나라에서 온 다국적 인력과 함께 커뮤니케이션 또한 복잡했다. 프로젝트의 초석인 안전 교육에는 번역이 필요했다.

언어의 다양성이라는 시련 속에서 시공사는 이해의 자료를 만들어 냈다. 보안의 작품인 안전 교육 비디오는 언어가 부과할 수 있는 장벽을 초월하여 작업자의 모국어로 구성됐다. 이러한 노력은 놀라운 성과를 낳았다. 현장에서 전례 없는 2천만 시간의 무재해 기록을 달성했다. 모래밭에서 모든 생명을 존중하는 철저한 안전관리에 대한 치밀한 노력이었다.

카타르 문화 보존을 위해 구현된 국립박물관

카타르 국립박물관은 국가의 위상을 강화하기 위해 정부는 문화 정책을 펼쳐 아이코닉 건축으로 세상에 등장시켰다. 12개의 전시실이 챕터로 나뉘어 각각 카타르의 독특한 역사의 변천 과정 펼쳐놓았다. 고대 사막의 전설, 바다의 율동적인 이야기, 석유와 가스의 변화하는 흐름의 주제가 박물관 내부 공간에 정교하게 새겨져 있다. 다채로운 이미지가 벽에서 안내하며 방문자가 역사와 혁신의 교차점을 가로질러 국가 정체성의 본질을 발견하도록 했다.

초기에 카타르 국립박물관은 이미 세계의 상상력을 사로잡았다. 중동문화를 찾아오는 사람들과 디자인 전문가들을 끌어들이는 박물관의 문이 활짝 열렸다. 모든 사람이 보물을 탐색하도록 호기심을 유발했다. 사막의 태양 아래 수고의 땀으로 빚어낸 프로젝트 관계자들은 성취에 대해 자랑스러워했다. 이색적인 건물을 완벽하게 완성해 카타르 정부의 신뢰를 얻는 것은 한국 시공사의 최고 성과이며 자부심이었다.

카타르 국립박물관 전경

카타르 국립박물관은 단순한 구조물 그 이상의 가치로 구현됐다. 인류 불굴의 정신, 가장 위압적인 모래 지평 위로 떠 오른 꿈의 실현이다. 참기 힘든 열사의 나라에서 복잡한 디자인을 성공한 대한민국 시공 기술력이 세계 최고임을 입증했다. 우리나라를 대표하는 가장 으뜸인 아이코닉 건축을 생각해 보자. 세계와 경쟁할 수 있는 건축, 아주 특이해서 깜짝 놀랄 단 하나 존재하며 문명의 맥을 잇는 아이코닉 건축을 기대해 본다.

제5장
지속가능한 건축

01 런던 : 30 세인트 메리 엑스

지속가능한 건축의 형태와 기능의 상승효과

지금 세계는 지속가능한 환경을 위해 건축 분야에서 발생하는 환경 파괴의 요인을 점검하고 있다. 지속가능한(Sustainability) 건축의 적용은 1992년 리우 열린 유엔환경개발회의(UNCED: United Nations Conference on Environment & Development) 이후 더욱 본격화된 행동 계획으로 지속가능 발전(Sustainable Development)이 가속화됐다. 지속가능한 건축은 인간 활동과 자연의 조화를 향한 변화를 구현해야 한다. 기후 변화에 있어 건설 환경이 미치는 영향은 매우 크다. 전 지구적 책임 정신을 함양하고, 환경 파괴에 대한 우려가 커지는 세상에서 이 건축적 접근 방식은 지리적 경계를 벗어나 인류 모두를 위한 지속가능한 미래를 향한 길로 안내한다.

건축의 패러다임은 개발 목적이 주로 경제적 이익 추구를 위해 추진되었으며 인간 활동의 생태적 결과를 무시하는 경우가 많았다. 편안함과 편리함을 제공하기 위해 우리가 세운 다수의 구조물이 환경에 대비 없이 건설되며 환경 파괴의 원인이 됐다. 지구 온난화와 기후 변화 현상이 일어나고 환경오염이 심해져 인간의 생명을 위협하는 시기가 점점 더 심각하게 다가오고 있다. 이에 지속가능한 건축은 현대 사회의 우선순위를 재구성한 개념인 '환경적으로 건전하고 지속가능한 개발(Environmentally Sound and Sustainable Development)'이란 새로운 관심이 더욱더 높아지고 있다.

환경 파괴와 탄소 발생으로 인한 환경 문제

환경 문제에 대한 새로운 인식은 건축의 역할의 중요성을 강조했다. 지속가능한 건축은 생태학적 사고와 새로운 자연과학의 통찰력에 뿌리를 두고 있다. 건축의 미학이나 양식적 경향을 우선시하는 기존 건축 패러다임과 달리 지속가능한 건축은 형태와 구성을 초월한다. 대신 환경과 사회에 대한 깊은 책임감에 의해 추진되며 건축 환경을 더 큰 자연 세계의 통합 구성 요소로 간주한다.

지속가능한 건축의 핵심적 중요 목표는 환경의 피해를 최소화하고 지구의 능력 한계를 준수하는 동시에 인간이 살아가는 환경이 보존되는 것이다. 형태와 기능 사이에서 종종 환경 적합성보다 미학을 우선시했던 건축적 접근 방식과 달리 지속가능한 디자인은 최적의 결과를 달성하기 위해 형태와 기능을 모두 통합해야 한다. 복합적인 건축의 지속가능한 맥락에서 환경 고려 사항도 필수적으로 따라야 한다.

자연과 건축 그리고 인간의 공생 관계는 환경에 의해 지배를 받는다. 오염 물질이 만들어 내는 생태 파괴는 지하수로 침출되어 생명의 원천인 강, 하천, 호수를 병들게 한다. 또 지구를 감싸고 있는 공장과 차량에서 나오는 배기가스 유해 가스에 의해 대기 오염 현상이 일어난다. 이것은 인간의 건강에 영향을 미칠 뿐만 아니라 스모그 형성, 산성비를 유발한다. 지구 온난화가 급격히 진행됨에 따라 기후 변화를 가속화하여 생태계에 악영향을 주고 있다.

지속가능한 건축의 진화는 시급한 환경 문제에 대한 세계적인 대응이 구현되어야 한다. 그것은 단순한 건축적 미학을 초월하여 책임감 있는 개발, 생태적 감수성, 인간 복지의 역동적인 합성이 된다. 현대 아이코닉 건축은 지속가능한 설계가 적용된 독일의 생태 건축에서 일본의 환경 공생에 이르기까지 다양한 건축 문화와 지속가능한 원칙을 수용하고 있다. 전 세계가 지속가능한 해결책에 대한 긴급한 요구에 대처하면서 건축은 변화를 위한 강력한 도구가 됐다. 지속가능한 건축의 방향은 생태적 영향을 최소화하고 인간의 편안함을 향상하여 자연과 조화롭게 이루어 나가는 확고한 의지를 특징으로 한다. 현재와 미래 세대를 위해 지구 환경을 보호한다는 가장 중요한 목표에 부합하기 위해서 사회적 통합이 이루어져야 한다.

빌딩 사이에 등장한 거킨 빌딩

현대 건축 분야에서 노먼 로버트 포스터(Norman Robert Foster, 1835~) 경은 혁신적인 디자인과 환상적인 개념으로 첨단 기술을 수용한 유명한 건축가이다. 그의 건축 철학은 형태, 기능 및 지속가능성의 완벽한 통합을 중심으로 한다. 그의 뛰어난 경력을 통해 Foster는 디자인의 경계를 넓힐 뿐만 아니라 환경 의식을 우선시하는 구조를 만들기 위한 확고한 헌신을 보여주었다. 포스터(Foster)의 대표적인 건축은 런던의 스위스 레(Swiss Re)의 본사 빌딩 30 St Mary Axe Building을 통해 지속가능성에 대한 그의 건축적 접근 방식을 짐작할 수 있다.

확연히 구별되는 아이콘 30 st. Mary Axe Building

노만 포스터의 디자인 철학은 환경적 책임에 대한 깊은 이해와 첨단 기술을 매끄럽게 결합하여 지속가능한 건축의 본질을 깨우치게 한다. 2004년에 완공된 30 St Mary Axe Building은 미학과 지속가능성의 조화로움을 보여주고 있다. 노만 포스터와 아룹 그룹(Arup Group)이 공동 설계한 30 St Mary Axe Building은 단순한 상업용 고층 건물이 아니라 지속가능한 건축에 대한 런던의 정책적 포부를 선언한 것이다. 41층 180m 높이의 초고층 빌딩의 46,400㎡ 사무실 공간이다. 오이처럼 생겨서 거킨 빌딩(Gherkin Building) 이라는 아이콘은 도시 스카이라인의 전환점이었으며, 기존 구조에서 혁신과 환경적 책임을 포용했다.

거킨 빌딩(Gherkin Building)은 영국 최초로 생태학적으로 접근한 아이코닉 건축이다. 다른 빌딩들 사이에서 거킨 빌딩의 상징적인 원통형 모양은 기존의 고층 빌딩과 즉시 구별된다. 이 독특한 형태는 단순한 미적 선택이 아니라 지속가능성 문제에 대한 답이다. 빌딩의 곡률은 바람의 저항을 최소화하여 무거운 건축 자재의 필요성을 줄이고 에너지 효율성을 최적화한다.

이중 유리 파사드는 내부 온도 조절과 공기의 흐름을 도와 인공 난방 및 냉방에 대한 요구를 최소화했다. 로먼 포스터는 아트리움 부분을 건물의 폐라고 여기며 호흡하듯 자연적인 공기 흐름을 촉진하는 기능적인 설계를 했다. 기존 오피스 빌딩 대비 최대 40%의 에너지 절감 효과를 얻는 것으로 알려졌다. 에너지 사용 요구량을 최소화하는 패시브 디자인을 원칙으로 건축 및 설계 전략을 세웠다. 기계적 냉, 난방 및 환기 시스템의 필요성을 최소화하여 에너지 소비를 줄인다. 포스터의 친환경 디자인 접근은 자연 환기 및 채광의 사용을 극대화했다. 유리를 광범위하게 사용하면 충분한 자연광이 내부 공간 깊숙이 침투하여 낮에 과도한 인공조명의 필요성이 줄어드는 재료의 특성을 이용했다.

거킨 모양 빌딩

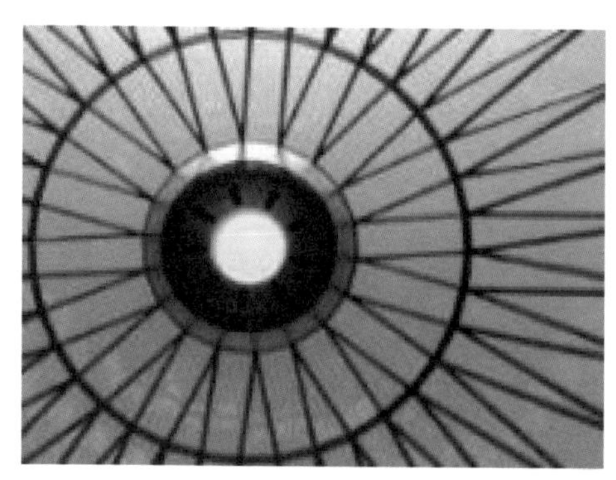
자연채광 천장

거킨 빌딩의 지속가능성은 건축적 특징을 넘어 확장된다. 이 빌딩에는 불필요한 에너지 소비를 최소화하는 지능형 조명 제어 및 재실 센서를 포함한 에너지 효율적인 시스템이 장착되어 있다. 또한, 빌딩의 지붕에는 태양으로부터 재생 가능 에너지를 활용하는 태양 전지판이 있어 전력을 공급하고 탄소 배출량을 줄이고 있다.

포스터의 디자인에서 가장 눈에 띄는 측면 중 하나는 빌딩의 다양한 층에 녹음이 우거진 조경 테라스를 통합한 것이다. 이러한 녹지 공간은 건물의 미학을 향상할 뿐만 아니라 도시 환경 내의 공기 질, 단열 및 생물 다양성 개선에도 도움을 준다. 초고층 건물 내에 수직 정원을 만드는 Foster의 비전은 도시 건축이 생태학적으로 분리되어 있다는 전통적인 의식을 깨우치게 된다.

건물의 수명을 연장하는 지속가능한 원칙

지속가능한 건축에서 자주 간과되는 측면은 시간 경과에 따른 적응성이다. 포스터의 디자인은 거킨 빌딩 내의 공간을 유연하고 적응적으로 사용할 수 있도록 하여 수명을 연장하고 철거 및 재건축의 필요성을 줄인다. 이 설계 철학은 지속가능한 자원 관리와 책임 있는 토지 사용 원칙과 일치한다.

실제로 건물이 환경에 미치는 영향, 특히 폐기물 발생과 탄소 배출 측면에서 중요한 문제이다. 건축의 폐기물에는 콘크리트, 목재, 건설 잔해, 개조 자재와 건물 내에서 발생한 폐쓰레기이다. 철거로 인하여 전 세계에 쓰레기의 절반 이상이 건물에서 발생한다. 이를 매립이나 소각할 때도 해로운 오염 물질을 방출한다. 지속가능한 건축 관행을 위해서는 폐기물 생성을 줄이고 탄소 배출을 최소화하며 자원을 효율적으로 사용해야 한다.

건물에서 발생하는 폐기물과 탄소 배출량을 줄이기 위해 순환 경제 원칙을 촉진하기 위한 노력이 이루어지고 있다. 여기에는 건물을 쉽게 분해하고 재료를 재사용하며 건설 및 철거 중 폐기물 발생을 줄일 수 있도록 설계하는 것이 포함된다. 철거된 건물의 재료와 구성 요소를 재사용하면 폐기물을 최소화할 뿐만 아니라 새로운 재료를 생산하는 데 사용되는 에너지와 자원을 절약할 수 있다.

폐자재와 표류하는 해양 쓰레기

지속가능한 건축 규정과 표준은 친환경적으로 책임 있는 건축 관행을 장려하기 위해 여러 지역에서 개발되어 시행하고 있다. 건물이 환경에 미치는 영향을 해결하는 것은 건축가, 엔지니어, 정책 입안자 및 건설 업계 간의 협력이 필요한 복잡한 과제이다. 지속가능한 관행을 채택하고 자원 효율성을 촉진하며 혁신적인 기술을 통합함으로써 폐기물 생성 및 온실가스 배출량을 줄이는 전략을 채택할 때 지속가능한 도시로 성장할 것이다.

런던 금융의 핵심지역에 있는 거킨 빌딩은 외형이 오이처럼 독특해 런던의 도시 이미지를 상징한다. 런던의 랜드마크로 인식하며 독창적인 도시의 브랜드는 대중의 공감을 얻는 아이코닉 건축으로 인터페이스 한다. 현지인과 관광객 모두의 관심을 끌면서 잠재적 임대 및 마케팅 효과를 높인다. 너무 튀는 외관 디자인은 런던이란 도시에 적합하지 않다는 논란에 휩싸이기도 했다. 하지만 런던을 상징하는 현대 건축으로 뽑힐 만큼 대표적 아이코닉 건축이 됐다. 에너지 효율성과 지속가능성을 모두 고려한 친환경적 접근 방식은 최대 도시 런던을 성공적으로 브랜딩을 했다.

런던 스카이라인 30 St Mary Axe Building

포스터의 30 St Mary Axe Building은 독특한 형태, 혁신적인 기술 및 환경 의식을 통해 현대의 지속가능한 건축 모델을 제공했다. 포스터는 천연자원 최적화, 낭비 최소화, 거주자의 웰빙 우선순위 지정에 중점을 두어 지속가능한 디자인이 기능적 미학과 완벽하게 통합될 방법을 구현했다. 거킨 빌딩은 포스터의 건축적 기량에 대한 탁월함뿐만 아니라 건축과 지속가능성이 완벽한 조화를 이루며 도시 미래에 대한 희망의 모티브를 제공한 아이코닉 건축이다.

세계의 아이코닉 건축은 상상력의 한계를 뛰어넘어 놀라움에 사로잡히게 한다. 빌바오 구겐하임 미술관처럼 건물 자체가 더 예술적인 건축물이 있는가 하면 하늘을 찌를 듯한 높이의 초고층 빌딩에 인간의 욕망을 담은 부르즈 할리파 같은 아이코닉 건축도 있다. 장르를 구분하여 지속가능성을 강조하고 싶은 이유는 우리가 생존하는 지구 환경에 대한 경각심을 갖기 위함이다. 인구 증가와 도시화, 산업의 발전에서 배출하는 환경오염 물질과 심지어 방사성 폐기물까지 국경 없이 광범위하게 환경 파괴를 초래하고 있다.

환경 문제는 국경을 넘어 점점 더 상호 연결됨에 따라 일부는 글로벌

환경 문제로 발전하고 있다. 이러한 우려는 이웃 국가에 영향을 끼치며 어떤 경우에는 지구 전체에 영향을 미칠 수 있다. 기후 변화, 생태계 변화, 오존층 파괴 등이 이러한 전 지구적 과제를 잘 보여주고 있다. 현대 산업화로 인한 환경에 대한 우려는 공동으로 맞서고 해결하여 균형 잡히고 지속가능한 환경으로 세상을 구축하는 길은 우리의 능력에 달려 있다.

건설 산업은 경제 발전에 큰 비중을 갖고 있으며 환경적 책임의 교차점에 서 있다. 지구를 보호하고, 경제 성장을 지원하고, 지역사회의 번영을 육성하려면 지속가능한 건설 관례를 완전히 수용해야 한다. 이러한 변화의 핵심은 거킨 빌딩이 보여준 아이코닉 건축의 건설 프로젝트 초기부터 지속가능성 원칙을 통합하는 데 있다. 우리의 행동 촉구는 건설 분야의 지속가능성을 위한 보편적인 프레임워크를 구축하는 것이다. 이는 국경과 이념을 초월해서 친환경적인 미래를 향한 우리의 약속을 하나로 묶는 접근 방식이다.

02 부르키나파소 : 간도 초등학교

건물 이상의 것

세계 최대 도시로 변천하는 과정에서 인류는 삶을 개척하고 도시를 발달시키기 위해 훌륭한 건축물을 세우며 국가의 정체성을 높여왔다. 도시를 대변하는 아이코닉 건축은 건축이 건축으로 머물지 않고 그 이상의 역할을 감당해 왔다. 빈곤 국가 아프리카 부르키나파소 출신 건축가 디베도 프란시스 케레(Diebedo Francis Kere)는 2022년 프리츠커 건축상 수상자로 선정됐다.

서아프리카의 중심부에 있는 국가인 부르키나파소(Burkina Paso) 민주공화국은 '정직한 사람들의 나라'라는 의미가 있다. 1984년까지 오트볼타(Haute-Volta)로 알려졌던 부르키나파소는 독특한 성격을 지닌 내륙국이다. 274,200㎢의 면적에 수도는 와가두구(Quagadougou)이다. 53개의 서로 다른 종족이 살고 있다. 인구는 23,110,644명(2022년 기준)이다. 특히 모시족이 인구의 35%로 가장 큰 부분을 차지한다.

언어는 부르키나파소 공동체 사이의 다리 역할을 한다. 공용어인 프랑스어는 소통과 연결의 수단이다. 그러나 일상에서는 모시(Mossi)와 듈라(Dyula)와 같은 일상의 토속어로 사용한다. 종교는 인구의 69%가 토착종교로 세계관을 형성하며 영향력 행사한다. 부르키나파소 주민 7%는 이슬람교를, 천주교가 그 뒤를 이어 4%이다.

부르키나파소의 기후는 덥고 건조한 열대기후이다. 경제의 중추인 농업과 축산업으로 자원 집약적인 부문에 대해서 국가에 의존한다. 지하자원이 부족해 농업에 주력하며 조, 옥수수, 목화, 땅콩을 중국, 인도네시아, 터키, 싱가포르 등으로 수출한다. 산업 기반 시설이 미약해 실제로 아프리카에서도 생활 수준이 가장 낮은 나라 중 하나이다. 경제적인 한계에 부딪혀 있는 부르키나파소와 같은 지역에서 건축은 문화유산, 공동체 정체성 및 공유 가치를 반영하는 역할을 한다.

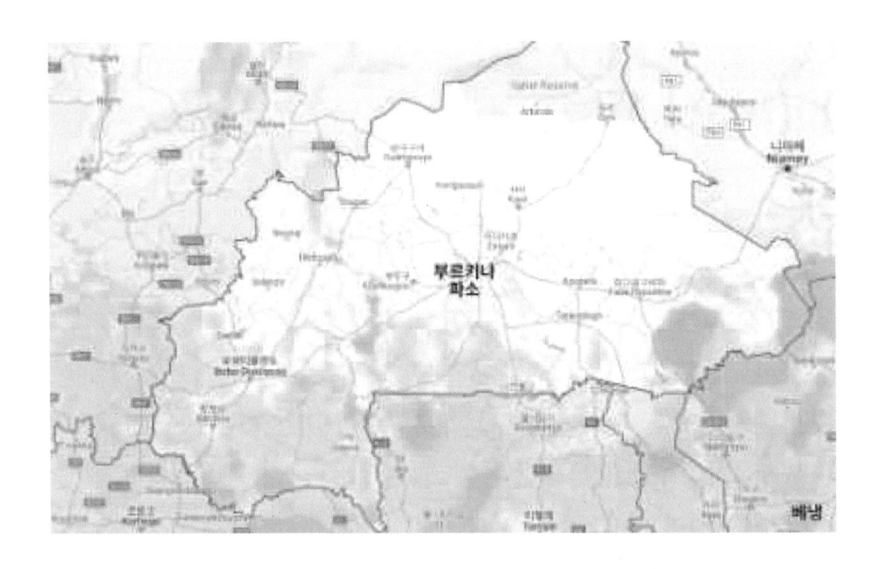

현존하는 최고의 건축가에게 수여하는 프리츠커 건축상

건축 분야에서 프리츠커상만큼 탐내고 존경하는 영예는 거의 없다. 1979년에 제정된 프리츠커상은 창의성, 비전 및 인간 중심 디자인의 원칙을 구현하면서 건축 환경을 크게 형성한 건축가를 인정하는 지표가 되었다.

하얏트 재단의 창립자인 제이 프리츠커(Jay A. Pritzker)와 신디 프리츠커 부부가 만들었다. 매년 5월 개최 장소를 선정해 수상하는데 하얏트 재단이 프리츠커 건축상의 주최로 시상식을 한다. 건축가의 뛰어난 업적을 인정하고 인간 경험을 향상하는 건축의 중요성을 높이는 상을 제정한 것이다. 건축가 개인의 훌륭함을 존중할 뿐만 아니라 건축 프로젝트의 협력적 특성과 사회에 미치는 심오한 영향을 반영한다.

프리츠커상 수상자 선정은 국제 배심원단과 관련된 세심한 절차를 따른다. 심사위원단은 건축 세계에 대한 깊은 통찰력이 있는 건축가, 학자, 비평가, 전문가로 구성된다. 문화적, 기술적, 지속가능한 차원에 걸친 다양한 범위의 건축적 공헌도를 검토한다. 후보자의 작품은 그들이 어떻게 디자인의 경계를 확장하고 커뮤니티를 풍요롭게 하며 글로벌 건축 담론에 기여했는지 확인한다. 심사위원단은 건축가 작품의 미학적 우수성뿐만 아니라 사회적 요구를 해결하고 혁신적인 재료를 통합하며 지속가능성을 촉진하는 능력을 고려한다.

Francis Kere © David Heerde

간도 초등학교 © GandoIT/Wikipedia

수상자는 국적 및 종교, 인종에 편견 없이 대상자를 선별한다. 프리츠커상의 중심에는 하얏트 재단이 제공한 관대한 기부금이 있다. 이 기부금을 통해 이 상은 탁월한 작업을 통해 세상을 변화시키는 건축가에게 계속해서 경의를 표할 수 있다. 영예와 세계적인 인정과 함께 수상자는 상금 10만 달러를 받는다. 1987년부터 청동 메달도 함께 수여 받는데 메달은 루이스 설리번(Louis Sullivan)이 디자인했다. 프리츠커 재단은 상금을 통해 건축적 우수성을 축하하고 건축가들이 획기적인 공헌을 계속하도록 장려한다.

세계 유명 스타 건축가들이 프리츠커상 수상은 세계적 관심이 더욱더 커졌다. 프리츠커상의 영예를 차지한 건축가들의 작품 중에서 주목할 아이코닉 건축을 만날 수 있다. 프리츠커상 51번째 수상자 흑인 건축가 디에베도 프란시스 케레(Diebedo Francis Kere)는 역사상 첫 번째로 아프리카 출신 건축가가 됐다. 자원이 풍부하지 않은 척박한 땅에서 가난한 주민과 함께 공동체 의식을 가지며 지구 환경과 지역사회를 위한 지속가능한 건축 디자인으로 찬사를 받았다. 역대 프리츠커상을 받은 건축가들과 작품 양상이 다른 케레의 수상은 더욱더 화제가 됐다. 기후 위기에 대응하고 커뮤니티를 강화한 프로젝트 간도 초등학교를 건설하며 케레 건축의 시작점이 됐다. 케레는 프리츠커상 수상 이전에 2004년 아가칸 건축상을 받으며 건축적 우수성을 인정받았다. 프리츠커상 수상은 건축을 바라보는 세계의 시선이 달라지고 있음을 증명할 수 있다.

"나는 유치원에 다니지 못했지만, 공동체가 곧 가족인 마을에서 자랐다. 마을 분 모두가 저를 돌봐주었고 마을 전체가 놀이터였다. 어릴 적 할머니께서 작은 불빛 속에서 이야기를 나누시던 방을 기억한다"라며 "우리는 서로 가까이 모이고 방 안 목소리는 우리를 감싸며 누구나 느낄 안전한 장소를 만들곤 했다. 이것이 제 첫 번째 건축 감각이다. 지금도 단순미와 확장 가능성을 추구하며 최대한 효율적으로, 가장 적은 재료로 쉽게 건물을 세울 수 있도록 노력한다."

- 케레의 수상소감 -

고향 간도에 어릴 적 꿈의 실현

프란시스 케레가 사는 부르키나파소 간도 마을에는 학교가 없었다. 일곱 살 어린 소년 케레는 도시에 있는 학교에 다니기 위해 집을 떠나 배움의 여정이 시작됐다. 1965년생인 케레는 마을 추장의 아들로 태어났기 때문에 유복하게 자랐고 학교도 다닐 수 있었다. 10대 후반 장학생으로 유학한 독일 직업학교에서 목공을 배우고, 독일 베를린 공대(Technische Universitat Berlin)에서 건축을 전공했다.

어렸을 때 빛도 들지 않고 바람도 통하지 않는 숨이 막히는 공간의 기억을 떠올리며 케레는 고향에 학교를 짓는 꿈을 꾸고 있었다. 건축가가 되기 위해 학업 과정에서 간도 마을에 꿈에 그리던 초등학교를 세우게 됐다. 1998년 케레 재단을 설립하고 모금한 기금 5만 달러와 지역사회의 지원으로 3년 동안 진행된 간도 초등학교 프로젝트(Gando Primary School)를 2001년 완공했다. 첫 작품으로 탄생한 간도 초등학교 프로젝트는 지역에서 구할 수 있는 재료, 지역환경과 기후, 전통과 토착적인 생산물, 지역적 정서와 환경, 주민들의 협력을 고려한 버네큘러(Vernacular)에 의해 구축한 디자인이다.

간도 초등학교와 건축 모습 © Schulbausteine/Wikipedia

간도 초등학교는 건축가 프란시스 케레와 부르키나파소 간도 지역주민들의 공동노력으로 전통적인 건축 관행과 현대 공학 기술을 결합한 성공적인 프로젝트이다. 부르키나파소 시골에서 흔히 볼 수 있는 전통적인 집단 작업 방식을 따랐기 때문에 커뮤니티의 참여 프로젝트는 꿈의 결실로 나타났다. 건축가 프란시스 케레는 풍토적인 지역문화와 기후, 재료를 고려한 디자인 프레임워크를 제공하는 역할을 했다.

이 프로젝트는 지역 자원과 전문성을 활용했다. 예를 들어, 지역 남자들은 건설 현장으로 기초를 쌓기 위해 돌을 운반했고, 여자들은 벽돌을 만들 물을 길어 왔다. 이러한 작업 분배는 커뮤니티의 관습적 관행과 일치하고 현대적인 디자인 요구 사항을 지혜롭게 보여줬다. 전통적인 기술과 현대 엔지니어링 방법 간의 협력은 두 가지 주요 목표를 달성하기 위함이었다.

간도 초등학교 프로젝트를 진행하면서 케레는 두 가지 시급한 문제에 주안점을 두었다. 찌는 듯한 더위와 조명의 문제를 해결하는 것과 현대 기술을 적용하면서도 아프리카 전통을 살리는 것이었다. 건물의 형태가 재창조되면서 시멘트 강화 벽돌과 철근을 조립하여 트러스를 만들고 강판 지붕을 높게 치솟게 하여 문제를 해결했다.

풍토적인 지역 재료와 기후가 적용된 지붕 구조

벽체는 돌출된 트러스 지붕으로 비에 보호할 수 있다. 건식 벽돌로 마감한 본체의 지붕과 강판 지붕 사이의 공간을 통해 공기의 순환과 뜨거운 열을 차단하는 건축가의 창의적인 아이디어가 적용됐다. 패시브 환기가 가능한 자연에 대한 계산된 방법이었다.

설계에 따라 건물의 측면을 장식하는 창은 풍경을 유입하며 시원한 바람과 자연의 빛이 들어오도록 배치했다. 천장의 개구부를 통해 더운 열의 배출을 유도한 시공은 뜨거운 아프리카 기후에 적용된 최적의 방법으로 구현했다. 문제의 수수께끼를 풀어내 케레는 시원한 바람과 풍부한 빛의 힘으로 공간을 새롭게 창조했다.

간도 초등학교 프로젝트의 인력은 전적으로 지역주민들로 구성됐다. 건축가의 비전을 현실로 옮기기 위해서는 그들과의 이해와 소통이 필요했다. 그러나 공정이 복잡한 건축의 기술적 부분은 글을 읽고 쓰지 못하는 사람들에게 이해시키는데 어려움이 따랐다. 문맹에 대한 난제에 건축가는 흔들리지 않고 직면했다. 케레는 공사 기간 내내 현장을 지키며 비언어적인 스케치와 그림을 그려 이해하기 쉽게 기술과 전문성의 문제를 소통했다. 그림은 문해력의 장벽을 초월했다. 건축의 예술성에 대한 통찰력을 제공하는 단어 이상의 언어로 전달됐다. 시각적인 대화는 집단적 이해도가 커졌으며 건축적 지식의 깊이가 늘어남에 따라 건축의 형태가 커지는 진보가 있었다.

간도 초등학교 전경 © GandoIT/Wikipedia

효율적인 건설의 지속가능한 기술을 통합하여 복잡한 기계와 재료의 필요성을 줄였다. 이는 비용을 절감할 뿐만 아니라 건축 및 유지 관리를 단순화하여 학교 건물의 장기적인 지속가능성을 보장하기 위함이었다. 이 프로젝트의 성공은 건축이 어떻게 문화유산과 현대적 필요 사이의 가교역할을 할 수 있는지를 보여주는 예이다. 이는 지역사회에 참여하고 그들의 지식과 전통을 존중하며 이러한 측면을 기능적인 면과 문화적 목적을 모두 제공하는 혁신적인 디자인 통합에 중요성을 둔다. 간도 초등학교 프로젝트는 건축 및 개발에 대한 협력, 지속가능성 및 커뮤니티 참여의 힘을 보여주었다. 케레가 태어나고 자란 지역에 학교를 세우는 일은 그의 열정이고 사랑이었다.

간도 초등학교 프로젝트가 성공은 120명이었던 학생 수가 증가하여 700여 명이 됐다. 간도 초등학교를 지으며 건축술을 배운 지역주민공동체는 멈추지 않고 지속적인 확장 프로젝트에 참여했다. 교사를 위한 주택, 본관 증축, 도서관 등 연속적인 프로젝트를 완성했다. 케레의 기술을 전수한 마을 사람들은 외부 지역 건설 작업을 주도하고 경제적 수단의 열쇠가 됐다. 이것은 마을 사람들을 훈련한 케레의 의도적인 노력이었다.

간도 초등학교는 마을의 아이코닉 건축이 됐다. 건축을 통해 마을은 변했고 마을 커뮤니티가 자신의 운명을 형성하는 존재가 됐다. 가난하고 볼품없는 마을은 이제 혁신, 단결, 우수성 추구를 통해 구축된 미래에 대한 지속가능한 발전을 약속하고 있다.

"부자라고 해서 재료를 낭비해서는 안 되고, 가난하다고 해서 더 나은 품질을 만들려고 노력하지 않으면 안 된다. 모든 사람은 좋은 품질, 고급스러움, 편안함을 누릴 자격이 있다."

-케레-

케레의 꿈의 건축이 등장하면서 지독한 더위와 환경에서 불편했던 곳에 희망의 빛줄기가 들어왔다. 인간의 의지로 빚어낸 독창적인 건축가의 리더십은 사회가 가지는 전통과 문화가 공존하는 아이코닉 건축을 탄생시켰다. 아프리카 최고 건축가로 성공한 그의 작품세계는 지속가능한 지역사회와 사람에 대한 존중을 중요시한다. 부르키나파소에서 또 베를린에 소재한 케레 사무실에서 미국에 이르기까지 전 세계를 향한 프로젝트 진행을 확장했다.

건축 작품에 숨어 있는 상징적 아이콘

간도의 경험이 배경에 존재하는 케레의 작품세계를 살펴보면 상징적인 모티브를 발견할 수 있다. 매년 여름 열리는 서펜타인 아키텍처 프로그램이 런던의 여름 문화 행사로 열린다. 2017년 켄싱턴 가든(Kensington Garden)에 케레의 작품이 17번째 서펜타인 파빌리온(Serpentine Pavilion)이 세워졌다. 건축적 풍경의 중심에 전통과 혁신의 상호작용을 보여주는 건축물이 등장했다. 서펜타인 파빌리온은 프란시스 케레가 고향에 있는 나무의 모티브에서 풍부한 문화적 뿌리를 반영했다.

런던 서펜타인 파빌리온 © George Rex./flickr

파빌리온의 형태를 장식하고 있는 삼각형 패턴은 아프리카 대륙 문화의 풍경과 활기찬 전통 이미지를 연상한다. 선명한 파란색과 조화를 이루는 파빌리온은 과거와 현재를 연결하는 힘의 원천이다. 거대한 원형 지붕은 경외심을 불러일으키는 나무와 강철의 위업이 구조물을 장식했다. 아프리카 건축의 본질에 대한 오마주 구조에서 영감을 얻은 지붕은 미학뿐만 아니라 빗물이 지붕 가장자리에서 건물의 중심부까지 흘러도록 섬세하게 설계했다. 균형 잡힌 유동성은 영국의 기후 변화와 물 부족 현상에 대한 상징적 메시지를 전달했다.

티벳 라이즈 아트센터(Tippet Rise Art Center)의 중심부에는 건축과 자연을 연결한 고요한 안식처가 서 있다. 자일렘(Xylem)은 건축가의 창조물인 파빌리온은 대화, 명상을 위해 모이거나 장엄한 주변 환경에 몰입하도록 방문자에게 쉼터를 제공한다. 나무의 복잡한 내부 구조를 연상시키는 'Xylem'이라는 이름은 자연의 본질을 탐구하는 경험의 분위기를 조성했다. 아트센터의 주요 시설과 시작점 사이의 완만한 경사지에 파빌리온은 사시나무로 둘러싸인 공터 한가운데 있다. 하나의 통나무를 깎아 만든 이 상징적인 구조물은 거대한 규모의 자연과 직접 교감하고 있다.

지속성 가능성에 뿌리를 둔 파빌리온의 핵심 재료는 기생충의 위협으로부터 숲을 보호하려고 가지치기로 잘라낸 현지에서 공급되는 소나무이다. 정밀하게 조립된 캐노피 통나무는 내후성 강철로 제작한 모듈식 육각형 프레임으로 지지되는 원형 묶음 안에 우아하게 배열됐다. 7개의 강철 기둥은 수호자 역할을 하며 환경과 완벽한 조화를 이룬다. 도곤(Dogon) 마을에서 볼 수 있는 다목적 만남의 장소 토구나(Toguna)에서 착안한 디자인이다. 이는 파빌리온의 기능과 지붕을 의미 있게 구현했다, 나무 캐노피는 방문객을 뜨거운 태양의 빛에서 보호하고 부드러운 바람을 불어넣어 시간의 흐름이 단순한 속삭임이 되는 분위기를 연출했다.

태양은 수직 통나무를 통해 빛과 그림자의 매혹적인 상호작용을 일으킨다. 통나무로 만든 패턴 의자는 콘크리트 원형 바닥에 구성했다. 모든 좌석은 전망이 좋은 곳으로, 그 너머로 펼쳐지는 장엄한 인간의 혁신과 자연의 순수한 아름다움 사이에서 조용한 대화에 참여하도록 자리를 마련했다. 파빌리온의 복잡한 좌석 배열 안에 숨겨진 공간 구성의 보고가 있다. 여기에서 방문자는 친밀한 대화에서 나른한 휴식에 이르기까지 자신만의 이야기를 만들 수 있다. 이 파빌리온은 소그룹 또는 친구, 연인, 개인 등 누구나 찾아와 조용한 명상에서 위안을 찾는다. Xylem은 쉼터 이상의 대륙을 가로질러 건축가의 고향인 부르키나파소 지역적 상징물이 공유된 풍토적 정신이 깃들어 있다.

이는 모든 방문객을 환영하며 티펫 라이스 아트센터가 있는 몬타나주 장소성과 부르키나파소 토착적 상징성과 연결했다. 케레의 작품 포트폴리오에는 사르발레 케(Sarbale Ke, 2019)가 페스티벌 텐트 형태로 등장한다. 미국 캘리포니아 코첼라벨리 음악 페스티벌(Coachella Music and Arts Festival)을 위한 설치물이다. 사르발레 케(Sarbale Ke)텐트에 아프리카 문화유산의 혼을 불어넣었다.

바오밥 나무

지역의 활력과 화합의 상징인 바오밥 나무에서 이 건축적 스펙터클한 상징적인 매력을 뽑아냈다. 부르키나파소에서 바오밥 나무는 지역적 상징이며 공동체의 허브 역할을 한다. 토론하고, 꿈꾸고, 축하하기 위해 모이는 바오밥 나무 아래에 공동 모임을 하는 전통적인 모습을 그의 디자인에 녹여냈다.

사르발레 케(Sarbale Ke) 설치의 핵심은 빛과 자연과의 친밀한 상호작용이다. 바오밥 나무의 내면에 있는 경외심을 불러일으키는 일광의 경험을 모방한 이 설치물은 일광과 자연 환기를 매끄럽게 통합한다. 빛과 그림자의 상호작용은 낮과 밤의 변화하는 패턴을 반영하여 아름다운 환경을 조성한다. 케레가 선택한 설치 재료는 현지 가용성과 경제성을 고려하여 선택됐다. 낮에는 태양을 걸러주고 밤에는 조명이 켜진 등대처럼 변신한다. 빛을 통해 변환하는 기능과 미학의 통합이었다.

사르발레 케(Sarbalé Ke) 텐트는 케레가 스토리텔러로서 건축적 기량을 보인다. 모든 솔기, 곡선 및 공간에서 그는 자신의 성장 이야기를, 더 나아가 수많은 서부 아프리카 공동체의 이야기를 들려준다. 참석자들이 축제의 활기찬 분위기를 공감하는 문화적 전달이 된다. 이 다문화 창작물은 건축 디자인이 물리적 요소에만 국한되지 않는다는 것을 설명한다. 문화, 기억, 유산의 정수를 담는 그릇이다. 이러한 노력을 통해 케레는 건축이 달성할 수 있는 상징적인 범위를 재정의했다.

캘리포니아에서 열리는 현대 음악 축제의 무대에서 바오밥 나무의 전통에 생명을 불어넣었다. 이러한 문화, 아이디어 및 이야기는 과거와 현재, 지역과 세계, 예술과 기능 사이의 지속적인 대화라는 케레 건축의 본질적인 요소이다. 부르키나파소에서 밀접한 자연의 나무, 흑, 토구나 등 고향의 향수는 그의 작품세계에서 아이콘을 생성하는 영감의 원천이 된다.

사르발레 케(Sarbale Ke) 설치 작품

고품질 교육 혁신을 일으킨 건축 철학

케레가 간도 초등학교(Gando Primary School)를 세운 지 20년이 지났다. 학교, 병원, 공원 등 지속가능한 공공 건축을 실현한 케레는 건축가이면서 인류를 위한 사회참여 봉사를 하를 하고 있다. 부르키나파소 지역주민들의 삶의 의식을 전환 시키고 아이들의 교육 환경을 개선하고 많은 아이가 교육에 참여할 수 있도록 학교 건설에 주력했다. 간도 초등학교의 부르키나파소의 아이코닉 건축이며 케레의 건축 철학이 담긴 모티브이다.

혁신적이고 지속가능한 디자인을 실현한 그의 초기 작품인 간도 초등학교부터 최근 작품인 2021년 케냐의 스타트업 라이온스 캠퍼스에 이르기까지 교육, 문화와 사회 영역에 걸쳐있다. 아프리카 국가의 학생들에게 안전한 학습 환경을 제공했으며 지역 기후에 반응하는 지속가능한 디자인 요소를 통합했다. 기후의 문제를 해결하기 위해 독창적 기술을 사용함으로써 지속가능한 건축이 기능적이고 미학적인 아이코닉 건축으로 탄생했다.

간도 초등학교 전경 © Francis Kéré Architecture

현재 지구는 다양한 폐기물이 남긴 탄소 발자국(Carbon Footprint)에 위협받고 있다. 부르키나파소 주민들은 콘크리트, 유리, 철 등의 현대적 재료로 거대한 건축을 소망했었다. 그러나 케레의 설득력에 현지의 재료를 수용하고 현지 재료의 품질을 높이고 디자인에 예술적 감각을 더해 공동체와 함께 지역 장인 정신을 장려했다. 이러한 방식은 탄소를 줄이는 재료의 선택이었다.

공간의 인터렉티브 요소와 배치에 대해 세심한 케레의 작업은 사회적 성장의 매개체가 됐다. 건축의 영역은 단순한 구조 차원 넘어 지역사회의 정체성을 반영하는 문화적 아이코닉 건축이 된다. 지속가능한 문화적 감수성을 결합함으로써 기술, 환경, 공동체의 조화로운 조합이 새로운 차원으로 도달하는 미래를 꿈꾸었다.

세계 최대 도시는 인류가 살아가는 삶을 개척하며 도시를 계획하고 건축하는 가운데 국가의 정체성을 높여왔다. 도시를 대변하는 아이코닉 건축을 선별해 보는 과정은 건축이 건축으로 머물지 않고 그 이상의 역할을 함유하고 있음을 강조한다.

경제적인 어려움에 직면한 부르키나파소와 같은 국가의 맥락에서 현지에서 조달한 재료는 필수적이다. 이 지역의 재료를 사용하면 건축이 더욱 실현 가능해질 뿐만 아니라 건축이 지역의 풍경과 전통에 연결된다. 이것은 강력한 지역적 상징성과 장소성을 만들 수 있다.

지속가능성에 대한 경제적 제약과 전 세계적 우려를 수용할 때 현지 조달 재료를 적용해 건축 설계에 반영하고 환경 영향을 고려하는 것이 훨씬 더 중요해진다. 이러한 설계 관행은 경제 발전과 환경보호라는 이중 과제를 해결하는 데 도움이 될 수 있다.

아이코닉 건축은 커뮤니티의 열망과 가치를 나타내는 문화적 랜드마크가 될 수 있다. 모이는 공간, 행사의 구심점, 지역주민들의 자부심 등이 공동체를 형성하는 지역 특색적 문화의 원천이 된다.

03 앤트워프 : 포트 하우스

지리적 이점과 전략적 연결성

벨기에 앤트워프는 북해와 가까운 유럽에서 가장 중요한 해양 허브 중 하나이다. 도시의 항구인 앤트워프는 부두가 12km 되는 유럽에서 두 번째로 큰 세계적인 항구이다. 스켈트(Scheldt) 강을 따라 넓은 바다로 쉽게 접근할 수 있어 해운, 물류 및 해양 관련 산업을 위한 교역의 장소이다. 국토 면적 30,688㎢, 작은 나라에서 세계적 경쟁 강소국의 저력을 갖추며 무역 대국의 위상과 함께 성장한 도시이다. 유럽으로 들어오고 나가는 다양한 물품의 국제 무역을 통한 국가 경제적 활성화에 크게 일조하며 유럽 항만도시를 대표한다.

앤트워프 포트 하우스

앤트워프 항구가 유럽 최고의 항구로 높은 평가를 받아 명성을 얻는데 성공의 요소가 뒷받침해 주고 있다. 유럽의 다른 항구보다 교통 연결망의 발달이다. 유럽 철도망, 대륙 간 운송경로, 수로 연결 및 파이프라인 설치를 포함한 유럽 교통 네트워크가 교차하는 가까운 지점에 있다. 이 적격인 위치에 있는 편리한 운송 인프라는 해안과 대륙 모두 근접해 운송 거리를 최소화하는 효율성의 모델이 됐다. 앤트워프 항구의 유리한 지리적 조건은 소비지로 이동하는데 접근하기 쉬워 물류 및 유통을 위한 중추적 역할을 확고히 하고 있다.

유럽, 북미 및 아프리카 대륙의 수많은 물류 회사가 이 도시에 사업체를 설립해 유럽 전역에 원활한 상품 운송을 위한 전략적 위치로 활용하고 있다. 세계 시장의 접근성은 철강, 자동차 제조, 기계 생산 등 광범위한 제조 산업을 끌어들였다. 유럽 최대의 석유화학 클러스터(Cluster) 단지 중 하나로 석유화학 제품의 수입, 정제 및 유통 산업을 위한 이상적인 장소로 조성됐다.

앤트워프 항구의 성공 뒤에는 항구의 미래 진로를 계획하는데 공공 기관인 앤트워프 항만청의 변함없는 지원이 강화됐다. 외국 물류 기업이 진출하도록 핵심적 항구 서비스를 제공한다. 다양한 소비자 중심의 인센티브를 제공하기 위해 항만청은 최첨단 터미널 부두 및 창고 시설을 건설했다. 인프라 개발을 촉진 및 세제 혜택을 위한 재정지원을 제공하고 있다. 환경친환경적인 개선을 통해 외국인 투자 정책을 세워 투자를 유치하고 경제성장을 촉진하는 것을 목표로 했다.

앤트워프 당국은 국제 고객 및 파트너와 원활한 소통을 위해 숙련된 메이저급 다국어 능통자들을 인력으로 갖추고 있어 자부심을 부여하고 있다. 항만은 하역부터 공급망 관리까지 물류의 다양한 측면에서 전문성을 갖춘 인재를 지속적인 양성을 해왔다. 다양한 언어로 대화할 수 있는 높은 수준의 글로벌 플레이어는 커뮤니케이션을 촉진하고 더 강력한 비즈니스 관계로 육성된다. 이는 효율성과 생산성을 보장하고 해운 및 물류 산업의 강국으로 자리를 구축하고 있다.

보석을 교역하던 빛나는 정체성

앤트워프의 건축물은 역사적 중요성에 대한 아이콘이다. 도시 경관은 지나간 시대를 연상시키는 중세의 매력과 현대적인 건축물의 향연이 펼쳐진다. 오래된 건물 사이로 아기자기한 자갈길을 걸으며 좁은 골목길에서 정감 있는 역사의 흔적을 만난다. 앤트워프의 거리에는 르네상스와 바로크 시대의 풍요로움이 살아 숨 쉬고 있다. 조각품과 장식 요소로 표현된 화려한 외관이 도시의 풍경을 우아하게 만들었다.

앤트워프의 바로크 시대의 건물

주목할만한 건축물로는 고딕 건축의 아이코닉 건축 앤트워프 대성당(Onze Lieve-Vrouwekathedraal)이 도시의 스카이라인에서 영웅처럼 서 있다. 대 성당은 숭배의 장소일 뿐만 아니라 도시의 지속적인 신앙과 살아있는 문화적 산물이다. 영국 여류 작가 M. L. 라 라메(Marie Louise de la Ramee)의 작품 '플란다스의 개'의 마지막 배경이 되는 장소로도 등장한다. 세계 명작 시리즈로 T.V에 방영된 플란다스의 개는 감동적이고 슬픈 이야기이다. 화가가 꿈이었던 어린 소년 주인공 네로가 그토록 보고 싶어 했던 루벤스의 작품 '십자가에서 내려짐(Descent from the cross)'을 보기 위해 지친 몸으로 찾아가 마지막 숨을 거둔 곳이 바로 앤트워프 대성당이다.

앤트워프 대성당 내 십자가에서 내려짐

아이코닉 건축은 건축의 한 분야인 동시에 역사와 문화, 사회, 예술, 종교 속에 등장하는 공간으로 문학적 배경이 인간의 삶에 스며든다. 앤트워프 대성당과 건축적 왕좌에 있는 현대적인 보석인 포트 하우스(Port House)가 환상적인 조화를 이루고 있다.

앤트워프(Antwerp) 항구에 가면 현대 건축의 지속 가능한 디자인의 상징인 포트 하우스가 항구를 지키고 있다. 2007년 착공, 2016년에 완공한 신비한 아이코닉 건축 포트 하우스는 확연히 대조되는 역사와 현대가 매끄럽게 조화를 이루고 있다. 건축계에서 개성 넘치는 여성 건축가 자하 하디드(Zaha Hadid)의 이질적인 작품 포트 하우스는 기능적인 정부 건물일 뿐만 아니라 도시의 풍부한 해양 유산과 지속가능성에 대한 실천의 상징이기도 하다.

아이코닉 건축에서 보이는 전통 구조의 건축과 현대의 독창성이 빛나는 건축의 조화를 이룬 디자인이 포트 하우스에서도 나타났다. 이 건물은 유서 깊은 네로 바로크 양식의 소방서 꼭대기에 자리 잡고 있어 유산과 건축학적 중요성을 보존하고 있다. 역사적인 기반과 현대적인 유리 구조의 조합은 상대적인 비교가 느껴지는 시각적 대비를 만들었다. 버려진 소방서를 개조하고 확장하여 세계 무역의 으뜸인 항만청 본부로 발돋움하는 보금자리가 됐다. 도시 전역에 흩어져 근무하던 항만청 직원 500여 명이 한곳에 모여 근무할 수 있는 업무공간 범위를 넓힌 것이다.

포트 하우스의 다이아몬드 덩어리와 같은 유리 피복의 건축에서 지역 정체성을 발견하며 창의적 발상의 전환을 체감할 수 있다. 다이아몬드의 도시로 불리는 앤트워프의 지위는 북해의 주요 항구로서의 위치와 밀접한 관련이 있다. 인도에서 다이아몬드가 발견되면서 앤트워프는 유럽 시장에 귀중한 보석 다이아몬드가 진출하는 관문이 됐다. 세계의 모든 원석의 80%가 이곳에 들어와 고급 기술로 연마된다. 가공한 다양한 다이아몬드 50%가 세계 보석상들에게 다시 유통의 경로를 통해 공급한다.

앤트워프 포트 하우스 다이아몬드 아이콘

전문화된 다이아몬드 거래와 세공 기술

앤트워프는 역사적으로 세계의 다이아몬드 원석과 나석의 상당 부분이 거래되는 유서 깊은 도시이다. 15세기부터 수 세기 동안 다이아몬드 무역의 중심지였던 지역적 위치는 다이아몬드 및 다이아몬드 관련 제품의 글로벌 수입 및 수출을 편리하게 진행할 수 있었다. 1447년 세계 최초로 거래했던 다이아몬드 원석 거래 증명서가 발견되면서 앤트워프는 다이아몬드의 수도로 불렸다고 한다. 산업 기업, 거래소, 은행, 호텔 등 다양한 비즈니스를 포괄하는 역동적인 경제 생태계도 유기적으로 영향을 주었다

앤트워프 다이아몬드 컷 기술은 세계적이다. 다이아몬드 몰의 독특한 컷 중 하나는 '꽃 자르기(flower Cut)' 기술이다. 이 공정에 사용된 정교한 커팅 기술의 장인 정신과 200년 역사의 정통한 전문 감정원에서 감정사의 엄격한 감정을 거쳐 세계 시장에서 정품으로 거래된다. 건축가 자하 하디드는 앤트워프의 아이코닉 건축 포트 하우스를 현대적으로 재현하기 위해 도시의 정체성과 연관시켰다. 다이아몬드의 패싯(Facet)을 모방한 삼각형 모양을 유리 패널로 구성했다. 앤트워프를 다이아몬드로 브랜딩 한 아이코닉 건축 포트 하우스 디자인은 세계의 다이아몬드 수도라는 앤트워프의 위상을 빛나는 보석 다이아몬드로 도시 이미지를 구현했다.

다이아몬드

자하 하디드의 포트 하우스는 역사적 연구와 현장 및 기존 구조에 대한 포괄적인 조사를 세심하게 혼합하여 탄생했다. 다이아몬드 연마 산업의 도시브랜드는 항만청 건물을 통해 상징적 이미지로 등장했다.

앤트워프 포트 하우스 설계도

보호 기념물로 지정된 소방서

국가 공공 기관의 역량을 갖춘 포트 하우스는 미래 세대를 위한 지속가능한 산업 발전의 통로를 제공할 준비 태세를 했다. 사용하지 않는 소방서 자리에 플랑드르 정부는 앤트워프 항만 당국과 건축 공모전을 개최했다. 공모전 조직은 단 하나의 조건을 제시했다. 기존 건물의 역사적 본질을 보존한다.'라는 단 하나의 규정이었다. 자하 하디드의 독특한 건축적 접근 방식은 복원과 혁신의 원칙을 서로 조합해 과거와 미래를 원활하게 엮어 아이코닉 건축의 지평을 확장한 탁월한 디자인이 최종적으로 당선됐다.

구 소방서 건물

구 소방서 건물의 모티브 한사 하우스

포트 하우스는 2000년 보호 기념물로 지정된 건축적 가치 보존과 더불어 새로운 공간의 확장이 이루어졌다. 하부층 건축은 20세기 초 앤트워프 항구가 급성장하면서 대규모 소방서가 필요했었다. 1912년 건축가 알렉시스 반 메헬렌(Alexis Van Mechelen)은 16세기 무역의 황금기를 누리던 시기에 건설된 '한사 하우스(Hansahuis)'에서 많은 영감을 받았다. 제1차 세계 대전이 발발하면서 중단되었다가 재개해 1922년 10월 완공됐다. 완공된 구조는 소방차가 출입하도록 큰 아치형의 넓은 문을 통해 소방서를 상징하는 기능과 디자인적 특징이 나타났다.

'한사 하우스'는 1560년경 앤트워프에 세워진 독일의 무역 동맹의 진원지로 중요한 역할을 했다. 앤트워프는 당시에도 번화한 항구도시로 북유럽 전역의 해운과 무역을 통제하기 위한 한자동맹(Hanseatic League) 도시와 곡물과 같은 귀중한 화물의 교역이 이루어지며 경제적 번영과 활발한 문화적 교류가 일어나고 있었다. '우스터스하우스(Oostershuis)'라고도 알려진 우아하고 웅장한 교역의 아이코닉 건축으로 자리 잡았던 창고 구조물은 1893년 화재로 인한 비극을 겪게 되며 재로 변했다. 현재 이 자리는 강가에 있는 박물관 스트롬 박물관[3](MAS; Museum aan de Stroom)이 2011년 5월 17일 개관했다. 수 세기 동안 해운과 무역의 발전 변천사를 기록과 예술문화, 다양한 장르로 전시하며 세계적 교류 장으로 연결하고 있다.

바다를 가로지르는 뱃머리

앤트워프 포트 하우스 프로젝트는 비정형 매스(Mass)가 색다르게 확장한 강한 의미가 전달된다. 특히 배의 뱃머리처럼 튀어나와 돌출된 전진적 건물 형태는 바다의 리드미컬한 파도의 기복을 모방하며 스켈트 강을 향하고 있다. 외부 유리 표면의 율동적 표현은 물결이 빛을 받아 반짝이며 유기적인 곡선을 형성한다. 급진적인 구조물의 외관은 건물에 생명을 불어넣어

3) 스트룸 박물관은 벨기에 안트베르펜의 에일랑제 지역에 위치한 박물관이다. 2011년 5월에 개관했으며 앤트워프에서 가장 큰 박물관이다.

자하 하디드의 건축을 정의하는 아방가르드 예술성과 기능성의 융합을 캡슐화했다.

다이아몬드 광채가 발산하는 오묘한 빛을 표현하기 위해 재료의 물성 특징을 살리는 삼각형 그리드 분할 유리 패널로 외피를 마감 장식했다. 포트 하우스는 증축 면적 6,200㎡, 길이 111m, 높이 21m, 너비 24m로 앤트워프 스카이라인에서 수직적 디자인으로 비대칭 덩어리로 보인다. 이에 반해 정형화된 기존 건축의 본질을 유지하는 소방서 건물은 면적 6,600㎡, 길이 63m, 높이 21.5m, 너비 78.5m에 이른다. 이 디자인 요소는 포트 하우스와 인근 Schelde 강 사이에 강력한 시각적 연결을 설정했다.

앤트워프 포트 하우스 야경

포트 하우스의 상부 증축 파사드는 넘실거리는 파도가 우아하게 춤을 추고, 시시각각 변하는 하늘색을 투영하는 유리 캔버스 같다. 정교하게 가공된 다이아몬드처럼 세심한 균형이 이루어진 표면의 특정 부분은 불투명하게 처리되어 이중 목적을 수행했다. 즉, 태양광의 강도와 외부 부하를 신중하게 관리하는 동시에 내부 공간에 자연광이 충분히 유입되도록 했다. 이러한 요소들의 조합적 상호작용은 항만청 직원들에게 최적의 업무 조건과 편안함을 제공했다. 이는 환경디자인의 상징이며 지속가능성과 목적이 있는 미래 지향적 아이코닉 건축의 패러다임이 구축됐다.

소방서 구역 내 포트 하우스의 중심부에서 혁신적인 변화가 이루어졌다. 개방되었던 중정에 유리 투명 지붕을 설치하여 기존 건물과 새로운 건물이 조화롭게 공간을 수렴하며 주요 리셉션 공간으로 재창조됐다. 아트리움에 들어서면 기술적으로 복원되고 완벽하게 보존된 영역인 공공 열람실과 도서관이 있어 방문자들에게 자유로운 이용 공간이 허락된다. 여기에서 지나간 시대의 흔적을 경험하며 현대적인 생동감 넘치는 공간의 전환을 예측하게 된다.

지속가능한 건축을 상징하는 환경디자인

확장된 공간으로 이동하는 사람들에게는 놀라운 기능이 기다리고 있다. 바로 파노라마 리프트이다. 하늘을 향해 뻗어 나가는 수직 리프트는 시간과 공간을 횡단한다. 투명 유리를 통해 보이는 무한한 항구와 도시의 전경은 분주하고 활기찬 에너지를 준다. 세계적 무역 항구의 광대한 광경이 펼쳐지며 세계가 서로 경쟁하며 상생하는 지속가능한 미래의 산업 현장을 목격한다. 유서 깊은 보존 건물과 현대적 건물로 이동하는 직접적인 통로이다. 외부 다리는 확장된 건물로 진입하기 위해 거침없이 이어지는 제공 공간 기능을 한다.

포트 하우스는 건축가 자하 하디드가 전달하려는 디자인 목적과 실용성을 모두 구현했다. 레스토랑, 회의실, 강당을 포함한 핵심 구역은 원래 구조의 상부 레벨과 혁신적인 확장 건물의 1층에 배치했다. 이러한 계획적 배치는 접근성과 편의성을 보장한다. 한편, 중앙공간에서 멀리 있는 영역은 자연스럽게 개방형으로 사무실로 환경을 조성했다. 유산에 대한 깊은 존경심과 미래로 향한 비전을 지닌 계승된 양식과 현대 세대가 요구하는 지속가능한 건축과 완벽한 통합을 이루어 냈다.

지속가능성과 에너지 효율성 분야의 전문 지식으로 잘 알려진 서비스 컨설턴트인 인제니움(Ingenium)과의 파트너십은 환경적 책임에 근거를 둔 지속가능한 비범한 건축을 창조하기 위한 협력이었다. 친환경적이고 에너지 효율적인 전문 지식을 바탕으로 자하 하디드 아키텍츠(Zaha Hadid Architects; ZHA)[4]는 지속가능한 건축 환경을 위한 영국의 브리엄 스트룸 박물관[5](BREEAM; Building Research Publishing Environmental Assessment Method) 환경 등급 시스템이 정한 엄격한 표준을 충족할 뿐만 아니라 이를 뛰어넘는 디자인을 제작하여 모두가 탐내는 매우 좋음(Very Good) 등급을 획득했다.

새로운 건축물과 역사적인 보호 건물의 통합은 매우 복잡한 문제로 얽혀 있어 어려운 프로젝트이다. 건설 과정의 모든 단계에서 세심하게 고안된 일련의 전략을 구현하면서 다각적인 접근 방식을 취했다. 이러한 전략은 과거의 건축 유산을 원형 그대로 보존할 뿐만 아니라 철저한 분석과 역사적 사실

4) 자하 하디드 아키텍츠(Zaha Hadid Architects)는 자하 하디드(Zaha Hadid, 1950-2016)가 설립한 영국의 건축 및 디자인 회사로, 본사는 런던 클레켄웰(Clerkenwell)에 있다.

5) BREEAM은 건물의 지속가능성 성능을 지정하고 측정하여 프로젝트가 지속가능성 목표를 달성하고 시간이 지남에 따라 최적의 성능을 지속적으로 발휘하도록 보장하는 데 사용된다.

을 반영하여 새로운 확장 프로젝트를 지속가능한 공간의 창조적인 볼륨으로 설계하기 위해 신중하게 추진됐다.

지속가능함을 지향하는 포트 하우스의 독창적인 시추공 에너지 시스템은 난방과 냉방을 효율적으로 제공하는 목적을 두었다. 이는 건물 주변에 전략적으로 위치한 100개 이상 구성된 네트워크를 사용하여 지하 80m 깊이까지 연결한 수원에서 물을 끌어 올려 제공한다. 이 시스템은 냉각 빔(Chiled beams) 방식으로 냉각 설루션을 적용하며 기존 구조와 원활하게 조합했다. 대조적으로 새로 확장한 건물은 천장 냉각(Chilled ceiling) 공법으로 구현되었으며 최첨단 설치로 인해 에너지 비용을 절감하며 탄소 배출량을 줄였다.

구건물과 신건물의 자연스러운 통합

지속가능성에 대한 냉난방 온도 제어 시스템 영역을 넘어 확장된다. 물 보존 환경적 측면에서 물 소비를 최소화 방법으로 현명한 선택인 물 없는 화장실 설비를 구현했다. 또 한 동작 감지기가 건물 내 물 소비를 줄이는데 설계에 신중하게 통합되어 필요할 때만 작동할 수 있다.

효율적인 자원 관리와 건물 운영을 간소화하기 위해 자동화 시스템을 사용했다. 이 자동화는 자연광을 최적의 상태로 제어하여 인공조명 소스에 대한 의존도를 줄였다. 포트 하우스는 과학적인 기술을 활용하여 편안함, 기능성 및 지속가능성을 조화시키는 환경을 고려한 디자인의 표지로 부상하고 있다.

전통과 공존하는 지속가능한 새로운 미래

앤트워프 포트 하우스는 인제니움(Ingenium)과 자하 하디드의 수준 높은 설계 능력이 지속가능한 디자인에 대한 확고한 의지 보여주었다. 비전, 협업, 환경적 책임에 대한 꾸준한 공헌은 가장 어려운 과제도 극복할 수 있음을 보여주었다. 그 결과는 역사와 지속가능성의 조화로운 공존이 이루어져 현대 건축의 우수성에 대한 새로운 표준을 제시했다.

지속가능한 디자인의 조화를 이루는 앤트워프 포트 하우스

장엄한 스헬트 강(Scheldt River)을 따라 번성하는 도시 앤트워프의 산업과 문화적 특성에서 영감을 얻고 분주한 항구의 끊임없는 역동성을 활용함으로써 새로운 포트 하우스는 시간을 초월하는 아이코닉 건축으로 항구

의 주인이 됐다. 그 성공은 한때 소방서 건물을 계승하기 위해 보존 원칙을 반영하여 기술적인 개조와 의도적인 재사용에 근거들 두었다. 전통 디자인을 모델로 삼아 보존의 명예를 얻은 소방서 역사의 산물과 앤트워프의 눈부신 상징을 극적인 비전통적 현대 다이아몬드 형태로 확장된 최첨단 볼륨 각각의 객체가 이질적이고 독특한 아이코닉 건축 하나로 재탄생했다. 과거의 정신을 되살리는 지속가능한 건축적 요소들이 함께 모여 빠르게 진화하는 세계 무역 경제의 플랫폼을 빛나게 하는 랜드마크가 됐다.

앤트워프-브뤼헤 항구 깃발

앤트워프 포트 하우스는 유산과 진보의 상생을 보여주는 지속가능한 아이콘으로 자랑스럽게 자리 잡았다. 이 경이로운 건축물은 미래에 대한 무한한 약속을 대담하게 받아들이면서도 과거를 존중한다. 눈부신 디자인을 통해 건축이 환경에 미치는 부정적인 영향을 줄이는 것이 무엇보다 중요하다는 것을 깊이 이해하게 한다.

벨기에 해양 무역 전선에서는 야심 가득한 변화가 일어났다. 2022년 4월 28일 무역과 산업의 두 거대 항구인 앤트워프(Antwerp)와 제브뤼헤(Zeebrugge)

항구[6]는 공식적으로 앤트워프-브뤼헤 항구(Port of Antwerp-Bruges)라는 하나의 깃발 아래 통합됐다. 이 합병은 유럽 상업에 있어 중추적인 순간을 의미했다. 이번 합병으로 앤트워프-브뤼헤 항은 유럽 최대 수출항으로 자리매김하게 되었고, 최대 자동차 항구라는 타이틀도 차지하게 됐다.

앤트워프-브뤼헤 항구는 지속가능성을 포용하는 사명을 시작했다. 앞으로 몇 년 동안 이산화탄소 회수, 저장, 재활용과 같은 프로젝트를 주도하는 계획이었다. 분명한 야망은 친환경 에너지 허브로 변모하여 전 세계 항구의 모범이 되는 것이다.

앤트워프 항구와 포트 하우스

6) 벨기에 북서부, 서플랑드르 주 북서부의 항구. 북해 연안에 있는 항구

제6장
메가 이벤트 건축

01 아테네 : 올림픽 파나티나이코 경기장

세계인이 열광하고 환희에 찬 축제의 시작

메가 이벤트는 세계박람회, FIFA 월드컵, 동·하계 올림픽 등과 같은 거대 규모의 행사이다. 막대한 비용의 투자가 필요하고 개최 도시는 다양한 인프라를 구축하여 세계인의 관심이 끌어모으기 위해 총력을 기울인다. 세계박람회는 인류가 개발한 문명의 발전상을 사회, 문화, 경제, 교육 등 다방면의 기대효과를 가지며 기후, 환경 등 우리가 사는 지구의 미래를 함께 모색하는 국제교류의 장이다. 올림픽과 월드컵은 스포츠를 통해 인간의 한계에 도전하며 능력을 겨루는 경쟁적 이벤트이다.

축구 경기장

메가 이벤트 건축 환경을 조성하기 위해 아이코닉 건축은 글로벌 행사인 만큼 상징성을 나타내며 그 가치를 발현하기 위해 개최국은 엄청난 노력을 기울인다. 국가의 이미지를 전환하고 정체성 변화를 통해 도시 및 국가의 브랜드를 확립하여 도약의 촉매가 된다. 국가의 위상을 드높이기 위해 세계 도시는 국제적 규모 행사를 유치하기 위한 목적을 두고 경쟁하여 유치권을 획득한다.

메가 이벤트가 진행되는 일정 동안 매스컴과 소셜 미디어 등을 통해 집중적으로 도시가 각인될 수 있도록 홍보하게 된다. 메가 이벤트로 인한 도시는 기대효과를 가지며 국가 주도적으로 경기장, 도로, 숙박 시설, 박람회장소 등 다양한 기반 시설을 갖추게 된다. 이를 계기로 관광 및 후원, 방송권을 통해 상당한 수익을 창출하여 경제적 파급 효과에 영향을 미친다. 도시 이미지가 상승하며 한층 더 발전한 도시로 재탄생한다. 실재적으로 메가 이벤트를 통해 도시가 구축하고자 하는 문제의 방향성을 찾아 새롭게 도약하며 산업 및 관광 등 미래 가치를 창출하여 성장하는 계기가 된다.

고대 올림픽이 개최되었던 장소

스포츠 메가 이벤트 중 최대의 축제는 올림픽 게임이다. 올림픽 역사는 기원전 776년 고대 그리스 올림피아에서 제우스 신을 기리기 위해 열렸던 경기에서 시작됐다. 서기 393년까지 아테네에 모여 4년마다 열렸으며 남성들만 참가할 수 있었고 여성은 참가 및 관람조차 금지됐었다고 전해진다. 선수들은 옷을 입지 않고 경기를 벌였다고 한다. 경기 종목은 단거리 달리기 한 종목으로 시작하였으나 차츰차츰 복싱, 레슬링, 원반던지기, 전차 경주 등 다양하게 종목이 늘어났다. 로마제국이 그리스를 정복하고 세력이 커지며 황제 테오도시우스는 기독교를 국교로 정하고 신들을 숭배하는 올림픽 금지 명령을 내렸다. 고대 올림픽이 사라진 이후 1,500여 년 동안 오래도록 중단됐었다.

프랑스 교육자이며 스포츠 천재 피에르 드 쿠베르탱(Pierre de Coubertin, 1863~1937) 남작은 스포츠는 인간의 건강한 신체와 인격 형성에 도움을 주고 도덕적 정신력을 개발하는 것으로 여겼다. 고대 올림픽 역사에서 교훈을 얻어 1894년 6월 23일 국제 올림픽위원회 IOC(International Olympic Committee)를 창립했다. IOC는 올림픽을 주관하고 관리 감독하는 역량 있는 국제 스포츠 기구이다.

4년에 한 번씩 개최되는 올림픽(Olympic Games)은 전 세계에서 가장 권위 있는 최대 규모의 종합 스포츠 축제이다. 국제 올림픽위원회가 주관하며 즉석 결선투표 IRV(Instant-runoff voting) 시스템을 채택하여 개최지를 선정한다. 전 세계 각국에서 선수들이 참가해 스포츠 경기가 펼쳐지는 국제 대회이다. 이 대회에 참가하는 선수들은 거대한 스포츠 무대에 참가하기 위해 국가대표로 뽑히는 과정을 거친다. 올림픽 참가 출전권은 각 종목에 해당하는 출전 기준과 조건이 있다. 1994년 이후 2년마다 동계, 하계올림픽이 번갈아 가며 개최한다. 스포츠 행정 기구 IOC 본부는 스위스 로잔에 있다.

최초의 올림픽 아이콘 파나티나이코 경기장

파나티나이코 경기장은 1895년 근대 올림픽에 걸맞게 복원해 고대로부터 유래하여 현재까지 남아있는 아이코닉 건축이다. 최초에 경기장은 나무로 좌석으로 지어졌으나 기원전 329년 대리석으로 교체했다. 이후 경기장이 증축되며 5만여 명의 좌석을 확보했다. 고대 올림픽을 부활하기까지 사업가이면서 박애주의자, 에방겔리스 자파스(Evanghelie Zappa, 1800~1865)는 자금을 후원하여 고대 올림픽 부활에 공헌했다. 1859년 처음으로 올림픽 스포츠 대회를 열었고 1870, 1875년 간헐적 자파스 올림픽을 개최했다. 자파스가 남긴 유산은 역사적인 아테네 근데 올림픽 첫 개막식을 하였던 파나티나이코 경기장의 재건축뿐만 아니라 각종 경기가 필요한 장소를 마련하도록 후원했다. 1896년 근대 올림픽이 IOC 주도하에 성공적으로 이루어질 수 있도록 결정적인 역할을 했다.

근대 올림픽이 개최된 파나티나이코 경기장

IOC 창설 이후 제1회 올림픽 개최는 1896년 4월 6일 고대 올림픽의 발상지 그리스 아테네에서 첫 서막을 올렸다. 14개국 241명의 남자 선수만 참가했다. 역사적인 올림픽 개막식이 열리는 파나티나이코 경기장에는 8만여 인파가 관중석을 메운 가운데 뜻깊은 근대 올림픽 개회가 선언됐다.

올림픽에 참가한 선수들은 중복 출전이 가능했다. 레슬링과 체조에서 4개의 금메달을 획득한 카를 슈만(Carl Schuhmann)은 가장 많은 금메달을 땄다. 올림픽 첫 대회를 성공적으로 마치고 다음 개최지는 다른 도시로 순환하기로 IOC 회의에서 결정했다.

세계 유일한 대리석 계단구조 파나티나이코 경기장

파나티나이코 올림픽 경기장은 1896년 하계올림픽을 하기 위해 U-자형 모형을 유지하며 관중 8만 명까지 수용할 수 있는 대리석 경기장으로 재건됐다. 길이 204m, 폭 84m의 경기장 전체를 대리석으로 건축했으며 칼리마르마로(Kallimarmaro)라고 부르며, '예쁜 대리석'이란 의미가 있다. 고대로부터 전해 내려오는 올림픽의 사상과 물리적 흔적이 역사 위에 함께 남아 있는 아이코닉 건축이다. 파나티나이코 경기장은 최초 올림픽 스포츠 열기에 빠져 축제를 즐기며 열광하는 대중의 메아리가 울려 퍼진 첫 경험의 근대 경기장 아이콘으로 세계인들의 발걸음이 꾸준히 이어지고 있다.

2004년 아테네는 108년 만에 21세기 첫 하계올림픽을 개최했다. 6세기 전부터 인류의 가장 큰 체육 행사를 하며 올림픽 게임의 진원지인 파나티나이코 경기장은 양궁 종목이 펼쳐지는 경기장으로 사용했다. 또 올림픽의 꽃 마라톤 결승 지점으로 거리 42.195km를 완주하여 최종 우승 1명이 테이프를 끊는 인간 승리의 이벤트 마지막 경기인 마라톤 종점의 장소였다. 19세기 첫 올림픽이 역사적으로 개최하며 관심을 끌어모았던 파나티나이코 스타디움은 올림픽 정신을 고취하며 스포츠 문화 공간으로 상징적 역할을 한다. 파나티나이코 경기장은 올림픽이 끝나고 다시 시민들의 공공 체육시설로 개방되며 그리스 수도 아테네의 오래된 도시 역사를 건강하게 지키고 있다.

올림픽 예술대회 은메달 페인 휘트니 체육관

오늘날 거대한 스포츠 행사로 자리매김한 올림픽 역사에서 흥미로운 이야기가 있다. 쿠베르탱은 고대 그리스 올림픽에서 영향을 받아 스포츠와 예술을 연관된다고 생각했다. 초기 올림픽 관계자들을 설득하려는 그의 의지는 꺾이지 않았다. 1912년 스톡홀름 하계 올림픽 대회에서 스포츠 종목 외에 건축, 회화, 음악, 조각, 문학과 관련된 다섯 개 종목을 예술올림픽에 도입했다.

Payne Whitney Gymnasium, 1932 올림픽 은메달

그리스 신화에 나오는 학문과 예술의 이름을 따서 뮤즈들의 5종 경기(Pentathion of th Muses)라고 불렀다. 다른 곳에서 발표되지 않고 스포츠 사상이 담긴 작품이 경연에서 메달을 취득할 수 있었다. 건축 종목은 설계도와 건축물로 심사했다. 건축가 존 러셀 포프(John Russell Pope 1874~1938)는 1932년 로스앤젤레스 올림픽 예술대회에 참가하여 건축 종목 은메달을 획득하였다. 페인 휘트니 체육관은 예일대학교 졸업생인 윌리엄 페인 휘트니(William Payne Whitney)의 아들 존 헤이 휘트니(John Hay Whitney)가 그의 아버지를 기리기 위해 예일 대학교에 건립 기금을 지원했다.

페인 휘트니 체육관, 고딕 리바이벌 양식

페인 휘트니 체육관(Payne Whitney Gymnasium, 1932~1936)은 '땀의 대성당'으로 불린다. 고딕 리바이벌(Gothic Revival) 건축 양식의 미학적 아이코닉 건축이다. 영국에서 부활시킨 중세 신고딕 양식이 19세기 초 프랑스, 독일, 이탈리아 등 유럽과 아메리카로 급속히 유행했다. 존 러셀 포프는 고대 로마 건축과 르네상스의 팔라디오 풍의 건축에 영향을 받아 휘트니 체육관은 물론 제퍼슨 기념관(Jefferson Memorial, 1943), 대영박물관(British Museum 1931~1938), 테이트 브리튼(Tate British, 1937) 등도 고딕 리바이벌 스타일을 지향하며 설계 디자인한 건축가다. 20세기 초 국제적인 양식이 등장하며 포프의 고전적 건축 스타일은 비평을 받기도 했다.

패인 휘트니 체육관은 올림픽 종목으로 건축 경기에 출전해 승부를 겨루는 독창적이고 희귀한 아이디어를 인정받아 영광의 올림픽 메달을 획득한 아이코닉 건축이다. 쿠베르탱은 올림픽이 건전한 육체의 경쟁뿐 아니라 예술과 건축, 문화도 아름다운 마음의 스포츠 경기라 생각한 취지에서 짧은 기간 동안 실현됐다. 패인 휘트니 체육관은 농구, 수영, 펜싱, 발리볼, 스쿼시, 배구 등 다양한 대표팀 시설을 갖춘 세계 최대 규모의 체육 공간으로 올림픽 건축 부문 메달을 딴 체육관 건물로 지어 의미 있게 존재하고 있다. 올림픽 예술 종목 대회는 아마추어와 프로와의 경계의 모호함과 선수 개인의 비용 부담, 일정하지 않은 경기 규칙 등의 다양한 사회적 문제 제기로 1948년 런던 대회를 마지막으로 폐지됐다.

올림픽 운동의 본질적 가치를 표현

2019년 6월 23일 올림픽 하우스는 IOC 신축 본부 창설 125주년을 기념하며 개관하였다. 4개 지역에 흩어져 있던 500여 명의 직원이 한곳에 모여 업무를 수행할 수 있는 물리적 공간의 통합이 이루어졌다. 올림픽 메가 이벤트를 관장하는 세계적인 조직 IOC의 가장 상징적이고 핵심적인 열린 협업 공간이 탄생했다. 올림픽 하우스는 운동선수가 움직이는 모습에서 영감을 받아 형상을 외관에 담고 있다. 비재무적 요소인 ESG 사회적 책임 경영을 고려한 지속가능성(Sustainability) 환경디자인 최상급 국제본부로 올림픽 정신과 결합하고 있다. IOC에 가입한 회원국은 209여 개의 국가가 있으며 올림픽의 파급 효과는 전 세계 국가의 건강한 스포츠 문화의 활력을 불어넣는다.

올림픽 하우스는 글로벌 조직으로 스포츠를 통해 더 나은 세상을 만드는 IOC의 비전을 담았다. 국제기구로서 중요한 사명을 준수하고 IOC의 정체성이 함유된 아이코닉 건축으로 재현했다. 물리적 건물 자체를 초월해 국적과 문화의 경계를 넘어 전 인류가 하나 되는 이상적인 의미를 추구하기를 염원했다. 국제 건축 공모전을 통해 선정된 덴마크 건축 회사 3 XN이 설계했다. 이텐 브레흐뷜(Itten Brechbühl) 스위스 건축 회사와 팀을 구성하여 올림픽 하우스 프로젝트를 실행했다. 올림픽 하우스는 국제적 행정 기구의 모범 사례를 제시하고 있는 아이코닉 건축이다.

IOC 올림픽 하우스 설계의 전략적 핵심 요소 5가지는 상징성, 유연성, 통합, 지속가능성 및 협업이라고 말할 수 있다. IOC를 상징하는 외형 건물 파사드 디자인에서 물결이 움직이며 흐르는 듯한 곡선의 아름다운 유기적 생동감을 느낄 수 있다. 역동적인 변화를 절묘한 볼륨으로 형성하여 각도에 따라 건물 모양이 다르게 보이고 동적인 유기체의 활기찬 에너지가 전달된다. 지속가능성과 결합한 올림픽 하우스의 투명한 유리 외피는 공간을 외부로 확장하거나 내부로 유입하기도 하며 개방적 기능을 부여하였고 IOC 조직을 운영하는 투명성을 제고했다.

IOC 올림픽 하우스

공공 건축의 능동적인 지속가능한 실천

내부의 중앙 아트리움은 올림픽 로고인 오륜 모양을 모방하여 IOC 본부의 본질적 상징 공간을 표현했다. 올림픽 하우스는 근대 올림픽의 역사를 이어오며 가장 엄격한 에너지 및 환경디자인 선두 표식(LEED v4 Platinum), 스위스 지속가능성 건설 표준 최상급(SNBS Platinum) 및 스위스 에너지 효율 표준인 미네르기(Minergie) P 세 가지 인증을 획득해 동시대에서 가장 지속가능함을 인정받았다. 올림픽 하우스 프로젝트는 지속가능성을 중점으로 고품질 환경을 제공하기 위해 건물 총체적인 설계 디자인에 심혈을 기울여 최적화했다. 정부, 민간, 학자, 전문가, 공급 업체 및 IOC 관계자 등이 힘을 합친 협업으로 이루어 낸 유용한 결과물이다.

IOC 올림픽 하우스 내부

올림픽 하우스는 건설 과정에서 전 IOC 본부 건물 자재를 95% 재사용하거나 재활용했다. 에너지 효율적 사용, 탄소 절감, 폐기물 처리 등 각별한 노력 끝에 에너지 사용량은 35% 정도 감소했다. 실내 온도를 조절하기 위해 대용량 물탱크에 빗물을 저장하여 화장실과 식물 급수 및 세차 등에 재사용하는 방법을 이용해 65%의 용수 사용량을 절감했다. 지붕은 태양열 전기 에너지로 전환하는 패널을 설치하였다. 건물 내부에는 LED 조명과 강화 단열 판을 사용해 에너지 사용량을 줄이는 효율적 시스템을 갖추었다. 건물 주변을 녹지 공간으로 조성하여 나무와 다양한 식물들을 심어 아름다운 자연 친화 환경적 경관을 구성했다. 자전거 주차장과 자동차 충전소를 마련해 친환경적인 공간을 배려하여 방문자가 능동적인 실천적 공간을 마련했다.

올림픽을 상징 아이콘을 적용한 올림픽 하우스

올림픽 아이콘을 파생하는 핵심 조직의 역할

IOC는 글로벌 조직으로 거대한 목표를 실현해 나가고 있다. 세계 인류가 동참하는 올림픽을 주관하는 최고 기관으로 IOC를 상징할 수 있는 공공적 가치를 창조했다. 올림픽을 상징하는 다양한 아이콘을 결합해 공간을 구성했다. 지구 환경을 생각하는 지속가능한 운영의 모범 사례가 되었다. 올림픽의 공공성을 강조한 올림픽 하우스는 조직의 이념을 담아내고 권위와 위상을 표현했으며 IOC를 대변할 수 있는 상징성을 생성했다. 건축가의 창조적인 아이디어는 올림픽 운동의 중요성을 고취하고 IOC와 올림픽을 대표하는 아이코닉 건축을 만들어 냈다.

IOC 거대 조직은 세계 각국에서 펼쳐지는 올림픽이란 메가 이벤트를 관장하며 성공적으로 진행하기 위해 관리 감독한다. 올림픽 개최지로 선정된 세계 국가는 메가 스포츠 행사인 올림픽 개최를 준비하며 먼저 도시 특유의 이미지와 브랜드를 만들어 낸다. 곧 올림픽을 위한 아이코닉 건축은 가장 큰 홍보의 수단이고 국가를 상징하는 가치와 품위를 높이는 브랜드가 된다.

IOC 올림픽 마크

02 베이징 : 올림픽 국가체육장

올림픽 경기장의 가치

올림픽 개최 도시는 지역발전을 추진하고 주민들의 삶의 환경을 개선한다. 역대 올림픽 경기장은 개최국의 자랑이자 국가의 자존심을 걸고 독창적인 올림픽 스타디움을 건설했다. 올림픽 스타디움은 개최 기간뿐만 아니라 끝난 후에도 올림픽을 기념하며 상징적 도시의 명분을 갖고 있다. 국제올림픽위원회 보고서에 따르면 1896년 최초 올림픽 개최부터 817개의 영구 경기장 중 85% 정도가 꾸준히 사용되고 있다고 밝혔다.

올림픽 경기장은 세계 최고의 스포츠 선수들이 경쟁하는 무대이다. 선수들은 올림픽 경기장에서 자신의 기량을 펼치고, 전 세계 관중들의 열띤 응원을 받으며 최고의 순간을 만끽한다. 올림픽 경기장은 스포츠의 발전과 보급하는 중요한 역할을 한다. 올림픽 경기장은 개최 도시에 경제적 부흥을 가져다주는 중요한 요인이 된다. 올림픽 개최를 위해 대규모 인프라 투자가 이루어지며, 이는 고용 창출과 경제 활성화로 이어진다. 또한, 올림픽 개최는 관광객 유입과 소비 증가를 유도하여 도시의 경제적 가치를 높인다.

1988년 개발도상국이었던 대한민국은 세계 냉전 시대를 종식하며 세계에 문을 열고 화합을 이루어 낸 올림픽 축제였다. 성공적인 올림픽 개최국의 도시 계획 사례로 인용된다. 경기장은 대규모 스포츠 행사, 대형 콘서트, 문화 및 종교행사, 일반기업행사 등 다양한 장르의 행사장으로 활용되고 있다. 전 세계를 아우르는 축제의 장이었던 잠실 올림픽 경기장 주변으로 한강 권역의 녹지 조성, 교통 및 통신체계를 구축했다. 잠실 올림픽 공원은 국내 최초 스포츠 메가 이벤트 올림픽이 열려 자부심을 안겨주고 역사와 문화를 경험할 수 있는 랜드마크로 자리하고 있다.

잠실 올림픽 공원

새의 둥지에서 디자인의 위용을 발견

중국의 수도 베이징은 2008년, 2022년 역대 최초로 같은 도시에서 하계·동계 올림픽을 모두 개최한 도시이다. 베이징 국가체육장(National Stadium, 2008)은 세계적인 듀오 스타 건축가 헤르조그 & 드 뫼롱이 설계 디자인했다. 놀라움을 금치 못할 국가체육장은 건축 재료의 물질적 특성을 극대화하여 세련된 건축 외관을 창조했다. 일상에서 접할 수 있는 중국 전통 둥근 도자기 모양에서 표면이 갈라진 패턴을 응용하여 건축 디자인에 반영했다.

국가체육장은 냐오차오 경기장이라고 불렀다. 냐오차오는 새 둥지를 의미하며 그 모양이 새 둥지(Bird’s Net)를 닮았기 때문이다. 새 둥지 경기장은 베이징 올림픽을 상징하는 핵심적 아이코닉 건축이다. 중국인에게 자부심으로 다가갔던 냐오차오(새 둥지) 경기장은 21세기 고도로 발달한 테크놀로지를 통해 자연을 표방한 인간의 추상적 사고를 미학적으로 생산했다. 희귀한 기하학적 건축 구조에 매료된 대중은 예술적 심미감에 도취한다. 개인 또는 집단적 호기심에 가득한 공간에서 메가 이벤트를 즐기도록 세계의 관심을 끌어냈다. 새 둥지를 모티브로 한 비정형적인 구조로 완성한 거대한 건물을 지지하는 구조는 기계적인 기술과 사람이 직접 용접하는 수작업을 병행했다. 나뭇가지 같은 철재가 서로 얽어 개방적인 공간을 만들어 하나의 볼륨으로 일체를 이룬 건축물이 됐다.

새 둥지를 닮은 국가체육장

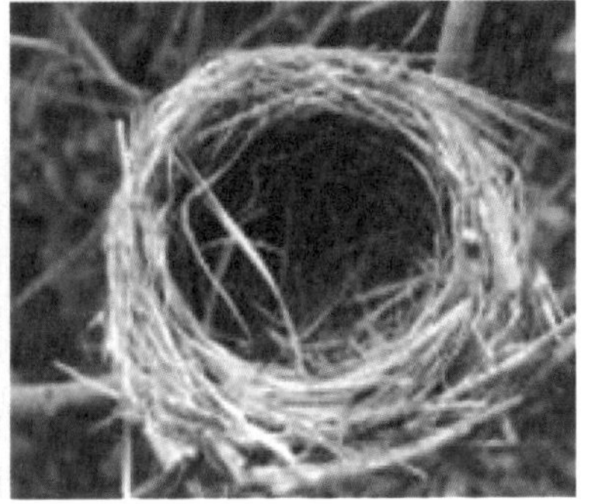

새 둥지

2008년 올림픽 아이콘으로 떠오른 국가체육장은 과거 과학 문명이 미치지 못했을 때는 자연에서 가져온 형태를 건축 디자인에 온전히 적용하기 어려웠다. 많은 비선형적이고 해체적 아이디어가 실물로 실현하지 못하고 기술적 난관에 부딪혀 창작드로잉으로만 머무르기도 했다. 현대는 우리 삶의 모든 부분이 디지털이 적용되어 있다. 시선을 압도하는 특이한 아이코닉 건축은 더욱더 최첨단 과학기술의 융합이 필수적이다. 기술의 한계에 구애 없이 즉흥적인 아이디어를 표현할 수 있는 디지털 프로그램과 첨단 기술력은 계속 진화하고 있다. 자연과 테크놀로지의 결합은 은유적이고 거대한 규모의 프로젝트를 결과물로 거침없이 보여주고 있다. 자유로운 기술의 미학을 소화하는 가능성은 다채롭고 위대한 아이콘을 끊임없이 경쟁적 산물로 탄생하게 할 것이다.

베이징 올림픽 경기장

도시의 브랜드를 과시하며 경쟁 무대에 등장

2008년 베이징 하계올림픽은 인류 역사상 가장 많은 시청 기록을 남기는 이벤트가 됐다. 전 세계 누적 시청자가 수가 47억 명에 달했다고 한다. 올림픽의 시작을 알리는 개막식을 관람하려는 9만 명이 넘는 관중과 전 세계인은 텔레비전을 통해 스포츠 축제에 빠져들었다. 중국은 막대한 예산을 들여 세계 무대에 자국 정체성을 구축한 아이코닉 건축으로 국가의 위상을 드높였다. 올림픽을 개막하며 펼쳐지는 문화행사는 화합과 소통의 꽃을 피우며 메가 이벤트 올림픽 시작을 알린다. 인터넷, TV 등 다양한 매체를 통해 '새 둥지'를 상징하는 베이징 국가체육장 오래도록 기억에 남는 아이코닉 건축으로 올림픽 메가 이벤트 축제의 장이었다.

2022년 베이징 동계 올림픽 주 경기장 새 둥지에 화려한 불꽃놀이가 이어졌다. 중국의 부정적인 이미지를 개선하고 경제에 대한 질적 성장을 과시하고자 전 세계의 관심이 집중되는 올림픽을 통해 경제정책을 펼치는 목적이 있었다. 베이징 올림픽의 아이콘 새 둥지 국가체육장 안에서는 다시 비상하기 위한 알이 부화를 꿈꾸고 있었다. '중국제조 2025' 새로운 경제의 행방을 추진하며 질적 발전을 위한 중점 분야에 전략적인 방책을 세우며 지원한다. 중국은 스마트 제조 기기를 통해 급속하게 상승했다. 지능형 제조 응용 프로그램을 지속적으로 확장함에 따라 시장의 규모는 증가하게 될 것으로 전망했다.

마스코트 빙둔둔

중국제조 2025는 올림픽 메가이벤트란 세계 무대에서 엄청난 인기를 끌었던 마스코트 빙둔둔을 통해 중국 브랜드를 과시하는 기회로 삼았다. 최첨단 기술을 적용하여 탄생한 마스코트 빙둔둔 관련 상품의 판매량이 많은 부분을 차지했다. 올림픽은 국가 브랜드 인지도를 단기간에 상승시키는 계기가 된다. TV 및 다양한 디지털 플랫폼에서 떠들썩하게 등장하며 건축, 문화, 캐릭터 등 다양한 아이콘이 소비 붐을 일으키는 스포츠 및 문화 예술 축제의 장이 되는 것이다.

후대의 유산으로 남는 창조적 실험장

2008년 하계올림픽을 통해 중국의 잠재력을 보여주는 목표로 노력을 기울였다. 베이징 북부에 있는 국가체육장은 올림픽 공원 단지 중심부에 완만하게 상승한 부지에 자리하고 있다. 베이징 개발과 연관된 마스터플랜에 의해 조성되는 올림픽 공원은 국제적 경기 시설과 워터파크, 쇼핑몰, 고급 식당, 컨벤션 센터 등이 건설됐다. 도시는 다른 도시와 경쟁적 구도에서 프로젝트를 구현한다. 국가체육장은 베이징에 새로운 공공 공간으로 의미심장한 뜻을 품고 올림픽 이후에도 활용이 가능한 지속가능성 프로젝트에 목적을 두고 있었다.

중국 문화를 상징하는 도자기에서 영감을 받은 베이징 국가체육장

베이징 국가체육장 형태는 중국 문화의 본질을 상징하는 도자기 그릇을 강철로 둘러싼 개방형 구조이다. 철골 구조 경기장 지붕 및 외관에 사용한 강철은 4만 5천 톤이 사용됐다. 지지대, 빔 및 계단 등 혼란스럽게 기하학적으로 엮어 공간을 창조했다. 국가체육장은 건축 면적 258,000㎡ 초대형 규모이며 높이 69.21m, 길이 330m, 넓이 220m이다. 91,000명의 관중을 수용할 수 있는 웅장한 초대형 스타디움이다. 첨단 기술을 동원해 건물의 변형과 침하를 예방하고 용접에 드는 비용을 줄이는 방편으로 고강도 신형 철강재 'Q460'을 개발하여 사용하는 기술력을 발휘했다. 올림픽을 위한 부대 시설물을 갖추기 위해 유수 철강업체들이 공급한 11만 톤의 철

근을 포함한 다량의 강재를 사용했다. 국가체육장 내부는 운동 경기장과 레스토랑, 편의시설 및 쇼핑몰 등 복합시설로 공공공간이 추구하고자 하는 잠재적인 역량이 내포되어 있다.

올림픽 경기장의 가장 큰 특징은 유기 물질로 이루어진 새 둥지를 철골 구조물이 서로 얽혀 구현한 구조이다. 진도 8의 강진에도 견딜 수 있는 견고함이다. 화재 설비, 홍수 대비 시설 모두 1등급을 받았다. 격자로 구성한 지지대는 공간을 구분하지 않고 기능적 역할을 하는 통합공간으로 새로운 공간이 형성된다. 비바람을 막아주기 위해 반투명한 막으로 채워져 있다. 높이 7층 규모의 경기장 기둥은 콘크리트를 사용했다. 중국 당국은 올림픽 이후 100년 이상 사용할 가치를 담아 세계의 중심으로 도약하려는 야심을 보여주었다. 메가 이벤트 베이징 올림픽은 중국이 새로운 유형의 경기장을 지어 경제, 문화, 정치 등 국가의 위상을 높이며 훌륭한 유산으로 남기는 아이코닉 건축의 창조적 실험장이 됐다.

지속가능한 탄소 중립대회를 선언

2022년 베이징 올림픽은 탄소 중립적인 대회가 됐다. 2008년 세계적인 경기장으로 찬사를 받았던 새 둥지는 베이징 올림픽 아이콘으로 비상한 국가체육장을 비롯해 5개 경기장이 재사용 됐다. 올림픽 사상 처음으로 모든 경기장은 100% 재생 가능 에너지로 구동되었다. 아이스 경기장 4곳에서 기후 영향 기술인 천연 CO2 냉각 시스템을 사용하여 기존 냉장 방식보다 20% 이상 에너지를 절약할 수 있었다. 2022년 동계 올림픽을 개최하기 위해 신축이나 개조한 경기장은 에너지, 물, 재료 등 효율적으로 절약하는 시스템으로 설계했다. 이는 국가 건설 표준 인증을 받으며 지속가능한 건설 및 운영에 우선순위를 두기 위함이었다.

메가 이벤트 올림픽을 준비하며 경기장과 사회기반시설을 위해 400억 달러가 투자됐다. 2008년 하계올림픽을 개최하며 낙후된 국가의 이미지를 씻고자 했던 중국은 주 경기장에 막대한 건축비용을 들여 웅장한 규모로 완공하며 중국의 의지를 나타냈다. 아이코닉 건축은 스스로 존재하는 것이 아니라 인간이 만들어 낸 창조물 중에서도 독특한 미학이 있다. 인간의 삶이 담겨 생명력 있는 공간으로써 함께 공유할 때 더욱 빛이 난다. 인류에게 찾아온 코로나19는 예측할 수 없는 불확실성에 IOC와 중국 당국의 입장을 난처하게 했다.

베이징 올림픽 경기장 야경

올림픽 개막식은 전 세계에서 몰려온 관중들의 뜨거운 열기와 성원이 가득한 환상의 하모니가 울려 퍼지며 화합으로 시작한다. 그러나 2022년 베이징 올림픽은 코로나바이러스 오미크론 변이 확산으로 일반 관중이 통제된 특수한 상황에서 축소된 개막식을 했다.

전 세계가 코로나19의 충격적인 발생으로 팬데믹 속에서 대면이 어려운 뉴노멀 시대에 직면한 2022년 베이징 동계 올림픽은 과거의 기준을 바꾸고 코로나 이후의 신화를 썼다. 로봇이 활약하는 스마트 서비스가 도입됐다. 로봇이 등장해 인공지능 및 5G 기술을 결합해 음식 주문, 요리, 서빙 등 자동화 시스템을 이용했다. 지능형 소독 로봇이 도입돼 사람과의 접촉을 최소화했다. 베이징은 또 한 번의 올림픽을 같은 도시에서 개최하며 기존의 경기장 시설을 재사용한 지속가능성 친환경 올림픽과 국가 산업의 혁신적 역량을 발휘한 스마트 기술을 기반이 반영된 올림픽을 언텍트 올림픽을 성공적으로 운영해 미래 지향적인 디지털 산업을 두각 하고자 했다.

세계적인 스타 건축가 헤르조그 & 드 뫼롱

베이징 국가체육장은 스위스 건축가 헤르조그(Jacques Herzog, 1950~) & 드 뫼롱(Pierre de Meuron, 1950~)의 작품이다. 헤르조그 앤 드 뫼롱은 스위스 바젤 출생이며 유아기부터 현재까지 친구이며 공동작업을 한다. 스위스 연방 공과대학(ETH Zurich)을 졸업했다. 전통 역사성을 현대 건축에 투영한 신합리주의 건축 양식의 거장 알도 로시(Aldo Rossi, 1931~1997) 지도를 받았다. 1978년 스위스 바젤에 둘의 이름으로 헤르조그 앤 드 뫼롱 설계 사무소를 설립했다. 그들은 하버드대 디자인대학원 객원교수와 취리히 연방 공과 대학교 교수로 활동했다. 2000년 런던 템스강 유역에 있는 뱅크사이드 화력발전소 리모델링 국제공모전에 당선되며 세계적으로 이름을 알리기 시작했다.

이듬해 2001년 건축계에서 권위 있는 상으로 하얏트 재단이 수여하는 프리츠커 건축상(Pritzker Architecture Prize) 수상의 영광을 얻었다. 그 외 스털링상, 영국 왕립 건축가 협회가 수여하는 '로열 골드메달(Royal Gold Medal)[7]' 등 다수 수상했다. 현재 헤르조그 앤 드 뫼롱은 스위스 바젤에 본사를 두고 유럽, 아메리카, 아시아 등 국제적 그룹으로 성장했다. 건축계에서 이름이 널리 알려진 세계적인 스타 건축가 대열에서 으뜸을 달리고 있다.

---

7) 로열 골드 메달은 영국 왕립 건축가 협회(RIBA, The Royal Institute of British Architects)에서 뛰어난 건축가에 주어지는 상으로, 약 150년에 이르는 역사를 가지고 있다.

로열 골드 메달

세계적으로 주목받는 스타 건축가의 아이코닉 건축이 도시에 들어서게 되면 인기 있는 도시가 된다. 아이코닉 건축은 국가를 대표하고 역사적 맥락을 함께하며 도시 재생은 물론 혁신적인 도시를 건설하는 데 전략적 요소가 됐다. 세계적인 스타 건축가의 건축은 건축가 자신의 스토리텔링이 된다. 탁월한 아이코닉 건축을 창출하여 인류 사회에 건축가로서 재능을 통한 지속적인 헌신과 공헌이 필요하다. 스타 건축가들은 춤과 노래, 연극 등 무형 예술 스타와 달리 오랜 시간과 철학을 반영하여 시대적 산물을 유형으로 남겨 놓는다. 이는 더욱 진중한 인류의 역사와 문화를 건축으로 표현해 해석하는 역할에 중요성이 있다.

세계적인 유명한 건축이 있는 명소를 찾아 관광객의 발걸음이 줄을 잇는 박물관, 오페라 하우스, 초고층 빌딩, 미술관, 올림픽 경기장 등 아이콘 프로젝트를 진행할 때 막대한 비용이 소요된다. 새 둥지 경기장을 짓기 위해 5,550억 원을 들이는 거대 프로젝트에 세계적 스타 건축가의 창의적 설계 디자인의 선택은 국가의 이익 차원을 넘어 국가의 야망을 상징하기 위함이었다. 스타 건축가 헤르조그 앤 드 뫼롱은 베이징 올림픽의 열기를 담기 위한 메가 이벤트 건축의 성공적인 결과물을 탄생시켰다.

헤르조그 앤 드 뫼롱 건축에 생기를 불어넣었기를 원하며 프로젝트를 진행했다. 2006년 독일이 월드컵 축구 개막을 앞두고 스포츠를 사랑하는 국가입을 알리기 위해 주 경기장 알리안츠 아레나를 건설했다. 독일은 베이징 올림픽 이전에 세계를 축구 열기에 달구어 냈다. 야심 가득한 아이코닉 건축에 오로지 축구를 위한 상상을 초월한 경기장을 지어 전 세계에 과시했다. 헤르조그 앤 드 뫼롱은 자동차 타이어가 살아 있는 유기체처럼 색깔을 자유롭게 바꾸는 디자인으로 알리안츠 아레나만의 상징성을 나타냈다.

헤르조그 앤 드 뫼롱 작품, 알리안츠 아레나 스타디움

국가체육장 새 둥지 경기장은 완공되기 전부터 상징적인 건물로 선언하고 중국은 새롭게 변화된 베이징에 대한 확고한 이미지를 심어 올림픽 역사에 자국을 남기는 기념비적이고 성공적인 아이콘을 생산해 냈다. 베이징 시민들의 일상적 여가 활동을 추구하고 공공공간 기능과 도시의 정체성을 대변하는 명소로 세계 관광객들이 찾아오는 랜드마크가 됐다. 올림픽 공원의 주축이 되는 아이코닉 건축 베이징 국가체육장은 시민들의 보금자리처럼 둥지를 틀고 세계적 위상을 품어내고 있다.

03 런던 : EXPO 수정궁

인류의 미래 가치를 위한 국제교류의 장

세계박람회 EXPO는 올림픽, 월드컵 스포츠 메가 이벤트보다 포괄적인 영역의 거대한 행사이다. 개최하는 주체 국 도시에서 인류가 개발한 문명의 발전상을 산업, 사회, 문화, 경제, 교육 등 다방면의 기대효과를 가지며 기후, 환경 등 우리가 사는 지구의 미래를 함께 모색하는 국제교류의 장이다. 현대 EXPO는 공간을 통해 국가 브랜딩과 마케팅하는 메가 이벤트적 글로벌 비즈니스이다. 참가한 나라마다 국가관을 상징성 있게 지어 세계에서 관광 및 비즈니스를 위한 방문객을 유입하게 한다. EXPO는 3대 메가 이벤트 행사 중 가장 긴 기간 동안 참여한 회원국이 자국의 기량을 보여주며 전통문화 및 기술의 발전과 문명의 미래 가치를 총체적으로 교류하는 장이다.

시대가 끊임없이 변화하면서 국제박람회기구는 세계의 요구에 맞는 EXPO를 조정하며 관리 감독하는 기관의 역할을 하고 있다. 국제기구로써 인식적 가치가 높아지며 산업 발전 부분에만 극한 하지 않고 교육 발전을 위한 목표 설정, 환경보호 문제 등 인류가 직면한 공통의 중요사항에 대해 의기투합하고 지속가능한 개발을 주요 목표로 한다. 글로벌 행사를 주최하며 국가 및 기업, 민간, 대중이 참여하는 세계 최대 규모의 메가 이벤트의 장의 핵심적 역할을 한다.

놀라운 발명품으로 가득한 엑스포

18세기 중반 이후부터 유럽은 엄청난 변혁을 해오고 있었다. 프랑스를 비롯하여 오스트리아, 스페인, 벨기에, 독일 등 국영 박람회를 개최해 산업의 발전상을 비교했었다. 32개국이 참가한 세계박람회는 1851년 영국 런던에서 첫 서막을 올렸다. 프랑스와 영국이 경쟁적 각축을 벌이다가 영국이 먼저 사상 최초 세계박람회를 개최했다. 영국은 수정궁(Crystal Palace, 1851)이라는 거대한 전시장을 지어 근대화의 혁신적 표상으로 세상 사람들을 놀라게 했다. 모듈 미학의 아이콘이 세상에 등장한 자체가 매우 획기적이었다. 거대한 증기 기관차, 선박용 증기엔진, 권총, 고속 인쇄기, 첨단과학 제품과 설비 등 기술적 발달의 수준을 과시하며 참가국들은 발명품, 건축, 문화 등 자국을 대표하는 산물을 EXPO에 참가해 전시했다.

1851년 영국에서 열린 런던 만국박람회(EXPO)

영국과 프랑스는 박람회 개최에 관하여 각축 반응을 보였다. 프랑스가 세계적 박람회를 개최하려고 했다. 그러나 대영제국이라는 자부심이 컸던 산업혁명의 주역 영국은 1850년 1월 왕립위원회를 설립하여 지구촌의 최대 메가 이벤트를 개최하기에 이르렀다. 영국의 기술력을 대외적으로 홍보하기 위한 목적이 있었다. 영국은 표현 기능 중심으로 미술교육을 해 왔었다. 산업혁명 이후 대중들이 선호하는 좋은 디자인의 전환 기회를 마련하고자 변화된 산업사회에 필요한 디자이너와 미술가를 배출하는 교육을 했다. 산업미술의 중심인물이며 디자인 교육의 개혁자 헨리 콜은 런던 만국박람회를 기획하여 빅토리아 여왕의 부군 앨버트 공(Prince Albert)의 주도하에 개최하도록 많은 공헌을 했다.

유리온실 같은 아름다운 전시관 수정궁

1851년 5월 1일 런던 만국박람회(Great Exhibition of the Works of Industry of All Nations)를 앞두고 박람회장을 짓기 위한 건축물을 공모했다. 건축비 100,000파운드, 박람회 폐막 후 철거, 공사 기간 등이 제시됐다. 공모에 제출된 245개 설계안 중에서 만족할 만한 건축안이 나오지 않았다. 촉박한 기일을 앞두고 당시 온실 설계로 유명한 정원사인 조셉 팩스턴(Joseph Paxton)은 이 프로젝트에 관심을 보이면서 아이디어 설계를 내놓았다. 런던 EXPO를 유치하기 위해 당시 최신 재료 유리와 철근 구조로 이루어진 광대한 규모의 유리온실 수정궁(Crystal Palace)이었다.

조셉 팩스턴은 근대화의 상징인 유리와 철을 조합하여 길이 564m, 높이 39m, 넓이 124m 13층에 달하는 대규모 박람회장을 지었다. 단순한 설계, 대량 생산 체제, 공급의 효율성 등에 의해 빠른 속도로 조립해 5개월 만에 완공했다. 당시 유리와 철은 신재료를 상징하는 발명품이었다. 수정궁은 유리와 철을 주요 재료로 사용한 특이성을 가져 전시관은 전시물보다 더 유명했다. 유리로 만든 박람회장의 환상적인 아름다움은 수정궁 박람회라 불리기도 했다. 새로운 과학 문명의 발전과 기술력을 유감없이 보였던 런던 만국박람회는 매우 성공적이었다.

유리, 철 신재료로 건설한 만국박람회장 수정궁

런던 박람회 아이코닉 건축 수정궁은 폐막한 후 규정대로 일시적으로 해체하여 런던 외곽 시드넘 공원을 조성하면서 더 큰 규모로 개축됐다. 박물관, 미술관, 온실, 콘서트홀 등 다양한 시설을 갖추어 복합문화공간으로 랜드마크가 됐다. 수정궁은 아쉽게도 1936년 화재로 소실 되어 사라진 아이코닉 건축이 됐다. 과학 문명의 진화는 신재료를 적용한 창의적 디자인의 아이코닉 건축을 세워 국력을 과시했다. 이후 세계 각국은 박람회 유치에 뛰어들었으며 인간이 개발한 엘리베이터, 전화기, 축음기, 자동차, 비행기, TV 등 과학 문명발달의 발명품은 메가 이벤트를 통해 등장시키며 시대의 발전상을 나타냈다.

04 파리 : EXPO 에펠탑

철의 시대를 대변하는 에펠탑

영국과 경쟁 구도에 있는 프랑스는 1889년 파리 만국박람회를 통해 세상을 놀라게 하는 아이코닉 건축 에펠탑(Eiffel Tower)을 탄생시켰다. 프랑스는 혁명 100주년을 기념하기 위해 1889년 파리 만국박람회를 개최하고자 했다. 개최국 파리를 내세울 기념비 건축물을 지으며 철 산업의 시대를 대변할 수 있는 아이디어 공모에서 에펠의 타워 건축안을 채택했다. 에펠은 협력 설계자들과 함께 웅장하고 세계에서 가장 높은 철제 타워를 파리 시내 샹 드 마르스(Champ de Mars) 광장에 세웠다. 에펠탑은 현재까지 파리에서는 가장 높은 건축물이다.

파리의 상징 에펠탑

구스타브 에펠(Gustave Eiffel, 1832~1923)은 34세에 에펠 회사를 설립해 '스페인 에펠 다리', '포르투갈 마리아 피아 철교', '미국독립 100주년 기념물 자유의 여신상 내부', '프랑스 가라비 고가교' 등 수많은 철제 구조물을 남기며 국제적인 명성을 얻고 있었다. 산업화의 개막을 알리며 41년간 세계 최고 높이였던 에펠탑은 처음부터 자신감 있는 도전이고 모험이었다. 파리 만국박람회 전시장으로 향하는 세계 관광객이 철 아치 관문을 지나며 철의 위용에 매료되도록 구현한 기념비적 아이코닉 건축이 됐다.

에펠탑 하부와 홍보 포스터

파리의 가장 대표적인 아이코닉 건축 에펠탑은 건축 당시 흉물스러운 구조물로 여겨 파리 지식인과 시민들의 거센 반발이 있었다. 주요 예술가들이 프랑스 정부에 탄원서를 제출하며 비판적인 반응을 보여 철거 위기에 놓이기도 했었다. 여론의 반발이 거세자 프랑스 정부는 건설 예산을 20%만 책정했다. 에펠은 신념을 가지고 나머지 예산 80%에 대하여 개인 재산으로 충당하며 에펠탑 건설을 포기하지 않았다. 완성 후 건물에 대한 독점권을 20년 동안 인정받게 됐다.

비난에 휩싸였던 에펠탑은 세기의 기념탑이라고 칭송하며 많은 찬사를 받았다. 프랑스 만국박람회 기간에 200만여 명이 에펠탑을 찾아가 대성황을 이루면서 부정적인 예상을 뒤엎었다. 에펠은 건설을 위한 투자 비용을 3년 만에 상쇄하고 17년 동안 관광수익을 벌어들였다. 20년 후 1909년 철거 위기에 직면하였으나 에펠은 철거 철회를 위해 파리 당국을 설득했다. 항공 연구소, 기상관측 연구소 등 과학적인 이용을 증명했다. 파리시는 군용 송신탑으로서 역할을 하는 유용성을 인정하고 영구 보존을 결정했다. 에펠탑은 사라질 운명을 모면했다.

비난과 칭송

건설 과정에서 '쓸모없는 철 기둥', '비극적인 가로등', 온갖 비난의 쓴소리와 도시 경관을 해치는 이질적인 우려를 받았던 아이코닉 건축 에펠탑은 프랑스 대표 상징물이 됐다. 프랑스 하면 제일 먼저 떠오르는 에펠탑은 여전히 세계인들이 꼭 가보고 싶은 명소로 뽑히고 있다. 사유 재산을 들여 에펠탑 건축에 염원을 담았던 에펠의 확고한 의지는 최고의 상상력과 기술력을 발휘했다. 철강 전문가로서 에펠은 바람의 힘을 이겨내는 구조와 곡선적 미를 함께 적용하며 강건한 탑으로 건설하는 자신감이 있었다. 파리의 위상과 아름답고 품격 있는 도시를 상상하며 철골 구조의 미를 창출하는 19세기 근대 건축의 아이콘이 됐다.

철골 구조의 미

도전적이고 거대한 에펠탑 프로젝트는 1887년 1월 26일 착공하여 2년 2개월 5일 비교적 짧은 기간 내에 높이 300m를 돌파했다. 가로 125m, 무게 7,300ton 철골로 제작한 에펠탑은 거대한 모습으로 파리 시내에 우뚝 솟아올랐다. 프랑스 연철 기술력을 자랑하며 인명 사고 없이 1889년 3월 31일 커다란 업적을 거두며 완공했다. 트러스 구조 중 가장 유명한 건축물 에펠탑은 실용적인 면보다 국가의 경쟁력 과시를 위한 특수 재질의 신소재를 사용해 시대의 전환점을 이루는 아이코닉 건축의 아름다움을 담아냈다.

국가의 경쟁력을 과시하는 아이코닉 건축 에펠탑

근대 건축의 혁신적인 아이콘

에펠탑 건설은 에펠의 협력 엔지니어 토목공학자 모리스 쾨클렝(Maurice Koechin)과 건축가 에밀 누기에(Emile Nouguier)가 구체적인 구조방식을 구상했다. 쾨클렝은 둥근 못처럼 생긴 최소 단위의 부품 리벳(rivet)까지 정밀히 계산한 결과에 따라 신중히 설계했다. 오래전부터 발명의 진화를 거듭하며 인류가 발명한 못과 같은 작은 부품의 사용은 인류 역사에 길이 남는 거대한 유산을 만들어 냈다. 에펠탑 조립용 철제세트는 일드프랑스 오드센주에 있는 르발루아페레(Levallois Perret) 공장에서 제작했다. 18,038개의 철 제작 부품은 현장 작업자 300여 명이 투입돼 250만여 개의 리벳으로 특수조립했다. 바람의 저항은 고층 건축의 가장 신경 쓰이는 부분이다. 에펠의 경험적인 에펠탑 디자인은 바람의 저항을 고려한 미적 디자인으로 거듭났다. 에펠탑은 약 7년에 한 번 정도 새 단장을 한다. 무기안료를 사용해 꾸준히 도색 관리를 하며 변함없이 아름다움을 유지하고 있다.

아이코닉 건축 에펠탑은 인간의 무한한 창조성과 염원을 담아 근대 건축의 혁신을 이루었다. 인류 역사상 유례없는 신건축을 선보이며 산업 공학기술의 상징으로 국가의 자긍심을 높이고 도시의 정체성을 바꾸어버렸다. 오늘날 우리가 사용하는 신개발품들은 EXPO란 세계의 무대에서 자랑하듯 선을 보인 후 인간의 삶에 적용됐다. 메가 이벤트 EXPO는 건축의 새로운 가능성을 열어가는 과시적 건축물 이외도 인간의 삶에 필요한 수많은 발명품으로 과학기술의 진보를 입증했다. 인류가 공동으로 당면한 자연, 환경, 기후 등 과제를 풀어가며 인간의 삶의 질과 연관하여 지속가능한 발전을 강조하며 더 나은 미래를 제시하고 있다.

국제박람회기구

첫 번째 런던 EXPO 성공 이후 경쟁적, 재정적, 엑스포의 질적 등 다양한 문제점이 제기되었다. 이를 해결하기 위해 1928년 11월 22일 프랑스 파리에서 31개국이 국제 협약서에 서명하며 국제박람회기구(BIE; Bureau International des Expositions)를 창설했다.

엑스포(Expo)란 프랑스어 '엑스포지시옹 위니베르셀(Exposition Universelle)'의 첫 두 음절(expo-)을 따 온 것으로, '국제 박람회', '세계박람회'로 번역된다. 현행 한국어 표기 가운데 가장 널리 통용되는 것은 '엑스포'이며 보다 뜻을 밝혀서 사용할 때는 '세계박람회'로 쓰인다. 특히 개최지나 개최년 도를 함께 붙여 표기할 때는 '2030 리야드 세계박람회'와 같이 쓴다. 국제박람회기구는 1931년부터 활동을 시작하며 EXPO 개최 및 기준 선정 등 전반적으로 관장하게 됐다. 국제박람회기구에서 주관하여 정기적으로 개최되는 박람회로, 각국의 특정 지역에서 몇 개월의 기간을 두고 여러 나라가 참가하여 문물을 전시, 교류하는 세계 최대 규모의 공공 박람회다.

인류의 지식적 향상과 사회적 열망을 고려하며 세계박람회는 등록 박람회(Registered Expositions)와 인정 박람회(Recognized expositions)로 구분한다.

아랍에미리트 두바이에서 열린 'Expo 2020'

등록 박람회는 국제박람회기구(BIE)에서 공식적으로 인정한 세계박람회를 말한다. 등록 박람회는 5년에 한 번 광범위한 주제로 6주에서 최장 6개월까지 개최할 할 수 있다. 개최국은 박람회장을 전시 면적에 제한 없이 부지만 제공하고 참가국 자국 경비로 국가관 건설한다. 최근 개최된 등록 박람회로는 2015년 아제르바이잔 바쿠에서 열린 'Expo 2015'와 2021년 아랍에미리트 두바이에서 열린 'Expo 2020'이 있다. 2023년에는 아르헨티나의 부에노스아이레스에서 열릴 예정이었지만 코로나19 범유행으로 인하여 취소되었으며, 2025년에는 일본의 오사카, 2027년에는 세르비아의 베오그라드, 2030년 사우디아라비아 리야드에서 열릴 예정이다. 등록 박람회는 개최국의 역량과 의지를 보여주는 중요한 행사로, 경제, 문화, 과학기술 분야의 발전을 촉진하고 국제 협력을 증진하는 데 기여하고 있다.

2017년 프랑스 파리에서 열린 'Expo 2017 : 에너지의 미래'

인정 박람회는 명확한 전문 주제를 가지고 개최하는 특기 사항이 있다. 개최 기간은 3주에서 3개월 사이 가능하다. 이 기간은 등록 박람회 개최 기간 중 1회로 한정하며 박람회장 전시 규모는 25만㎡ 미만이다. 국가관을 건축하는 비용은 개최국이 부담하여 참가국은 유, 무상 임대하여 사용하게 된다. 국제박람회기구(BIE)에서 공식적으로 인정한 세계박람회 중 등록 박람회에 비해 규모가 작은 박람회다. 인정 박람회는 1928년 스페인 바르셀로나에서 열린 '국제 해양 박람회'를 시작으로 지금까지 40여 차례 개최되었다.

최근 개최된 인정 박람회로는 2017년 프랑스 파리에서 열린 'Expo 2017 : 에너지의 미래'가 있다.

05 마드리드 : FIFA 월드컵 에스타디오 산티아고 베르나베우

최초의 월드컵 에스타디오 센테나리오 경기장

세계를 흥분의 도가니로 몰아넣는 승리의 함성과 응원가가 울려 퍼지는 경기장은 선수들의 사기를 북돋우고 관중들은 더불어 열광한다. 월드컵은 4년마다 남자 축구 국가대표팀이 참가하여 축구 대회를 하는 메가 이벤트 행사이다. 월드컵의 시작은 국제축구 연맹이 1904년에 설립되면서 시작했다. 국제축구연맹(Fédération Internationale de Football Association), 줄여서 피파(FIFA)는 전 세계 축구 국가대표 경기(A매치) 및 FIFA 월드컵, 대륙별 축구 대회, 청소년 월드컵 등 국제축구 대회를 주관하는 스포츠 단체이다. 1차 세계대전 발발했을 때 FIFA는 정상적인 운영을 할 수 없었다. 이후 프랑스의 쥘 리메(Jules Rimet)가 회장으로 재임하며 FIFA가 발전하기에 이르렀다.

제1회 FIFA 월드컵 개최 경기장 에스타디오 센테나리오

1930년 첫 번째 월드컵은 우루과이에서 개최하였으며 13개국이 참가하였다. 국제적인 발판을 마련한 FIFA의 본부는 스위스 취리히에 있다. 월드컵 축구는 단일 스포츠 종목에서 국제적으로 축구 국가 대항전을 벌이는 가장 큰 규모의 대회이다. 월드컵 축구 기간에는 축구인들의 지대한 관심으로 압도적인 시청률을 기록한다. 주최국은 메가 이벤트란 도시 브랜딩 효과와 관광 및 무역 등 경제적 가치를 창출하는 기회가 된다.

남아메리카 우루과이 수도 몬테비데오에는 1930년 제1회 FIFA 월드컵이 열린 경기장 흔적이 그대로 남아 있다. 90,000석 수용 규모의 '에스타디오 센테나리오(Estadio Centenario)' 스타디움은 FIFA 월드컵 축구 경기 개최와 우루과이 초대 헌법 제정 100주년을 기념하기 위해 특별히 건설됐다. 제1회 월드컵 결승전에서 개최국 우루과이는 아르헨티나를 4 : 2로 이기며 우승했다. 에스타디오 센테나리오 스타디움은 전 세계 스포츠 경기장 중에서 엄청난 상징성을 가지고 있다. 경기장 그 자체로 축구 역사의 유서 깊은 성지이다. 1983년 7월 18일 FIFA가 월드컵 세계 축구의 역사적 아이코닉 건축으로 인정한 유일한 기념물이다. 현재 축구 강국 우루과이 축구 국가대표팀의 메인 그라운드로 사용하고 있다.

세계 축구 팬이 열광하는 전설적인 꿈의 경기장

월드컵 축구는 경기 자체로 즐기는 것뿐만 아니라 각국의 팀 승리를 위해 목청 높여 응원하는 관중들과 선수들이 혼연일체가 된다. 관중은 객석에서 열광하며 선수들에게 응원의 메시지를 보내고 선수들은 골을 넣으려 혼을 다해 그라운드를 누비게 된다. 산티아고 베르나베우 경기장은 자부심의 상징이며 물러설 수 없는 치열한 경쟁의 장이다. 월드컵이나 유로 챔피언스(UEFA) 리그가 열리면 축구를 사랑하는 열렬한 팬들은 꿈의 경기장을 방문하기를 원한다.

월드컵 경기만큼 유명한 경기장 분위기는 아이코닉 건축의 독창적인 특징이 있다. 축구 경기를 하는 기능적인 역할을 넘어 관중들에겐 일생에 잊지 못할 특별한 경험을 선사하는 환상적인 공간감을 느끼게 되는 상징적인 장소이다. 월드컵 축구 경기를 개최하기 위해서는 국제축구연맹의 엄격한 가이드라인에 알맞은 경기장이 필요하다. 결승전과 개막식, 폐막식은 최소 8만 명 이상의 관중석 규모를 갖추어야 한다. 8강전 이상 경기는 6만 명 이상 관중을 수용이 가능한 경기장에서 열리게 된다. 최소 4만 명을 수용할 수 있어야 월드컵 경기를 진행할 수 있다.

스페인 마드리드에는 '에스타디오 산티아고 베르나베우' 전통 있고 상징적인 경기장이 있다. 1947년 12월 14일에 개장한 세계에서 최고로 손꼽히는 유명한 축구 경기장 중 하나이다. 경기장 명칭은 1955년 당시 레알 마드리드 CF 회장의 이름에서 유래했다. 레알 마드리드를 창단한 스페인 축구 선수 출신으로 레알 마드리드에서 69년간 사명감 있게 축구 발전에 공헌한 전설적인 인물이다.

에스타디오 산티아고 베르나베우 경기장

애칭 베르나베우 경기장은 1954년엔 125,000명에 달하는 가장 많은 관중을 수용할 수 있도록 확장했다. 직사각형 모양의 전통적인 우아함이 깃든 개방적인 외형으로 대칭적 특징이 있다. 스페인 프로 축구 클럽 레알 마드리드의 성공적 성장을 이루어 낸 홈구장으로 유럽 유로피안 리그와 월드컵 축구 등이 펼쳐진 아이코닉 축구 경기장이다.

관중석을 가득 메운 베르나베우 경기장

1982년 스페인 월드컵을 개최하는 계기로 경기장은 다시 개·보수를 하며 FIFA 요청으로 수용인원을 90,800명 규모로 수정했다. 또 3분의 2 이상을 좌석이 차지하도록 했다. 여러 번의 대대적인 보수 및 확장 공사는 더욱 상징적인 장소로 탈바꿈했다. 건축가 라파엘 루이스 알레마니와 마누엘 살리나스는 관중석 24,550석을 지붕 구조에 경량 지붕 덮개를 덮어 혁신적인 디자인에 변화를 주었다. 스페인은 월드컵 메가 이벤트가 세계의 주목받을 것을 예상하여 현대적 경기장 아이콘을 통해 스페인 국가 이미지를 각인했다.

베르나베우 경기장은 1982년 FIFA 월드컵을 개최하기 위해 FIFA에서 제시한 조건을 적용하며 큰 변화를 가져왔다. 역사적인 이탈리아와 서독과의 월드컵 결승전이 열리며 기적을 바랐던 두 팀의 꿈의 장소였다. 이탈리아가 서독을 3 : 1로 이기면서 44년 만에 3번째 월드컵 승리의 우승컵을 차지했다. 월드컵 축구가 열리는 동안 베르나베우 경기장은 감동적인 결승전과 5개의 경기를 주최하며 명성 높은 축구 역사의 한 획을 그었다.

리모델링 전 베르나베우 경기장, 2019 전경

스포츠는 인간이 공동체를 형성하며 문화를 창조하는 사회적 산물로 인간의 삶과 유기적으로 연계되어 있다. 월드컵 축구 본선 진출은 간절한 소망이며 꿈이다. 눈길을 사로잡는 개최국의 경기장은 본선 경기가 진행되는 동안 긴장과 흥분의 연속이다. 선수 당사자는 물론 국민의 단합된 응원과 함께 국가에 대한 자긍심을 불러일으키는 상징적 공간이 된다.

다양한 이벤트를 실현하는 복합경기장

스페인에는 인기 있는 유명 스포츠 클럽이 있다. FC 바르셀로나, FC 레알 마드리드, FC 아틀레티코 마드리드 등 전 세계적으로 명성을 떨치는 훌륭한 선수들이 몸담고 있다. 이들 축구 클럽은 많은 축구 팬을 보유하고 있다. 유명한 축구팀과 걸맞게 축구의 성지로 꼽히는 레알 마드리드 홈 경기장은 최첨단 시설로 탈바꿈하여 격조 높은 새로운 베르나베우 프로젝트를 착수했다.

이 야심 찬 계획은 약 7억 7,250만 유로를 투자하여 최고의 변화를 시도했다. 2019년 시작한 리모델링 공사는 축구 경기는 기본이고 경기 장면을 외관 표면 전체에 상영할 수 있는 시설을 갖춘 경기장으로 구현한다. 경기장 외부는 우주선이 착륙한 모양의 돔구장 형식이며 최첨단 기술을 융합했다. 카메라 셔터 모양의 개폐식 지붕 구조는 날씨에 구애받지 않는 경기장의 묘미를 갖추어 부러움을 사는 경기장이 될 것이다.

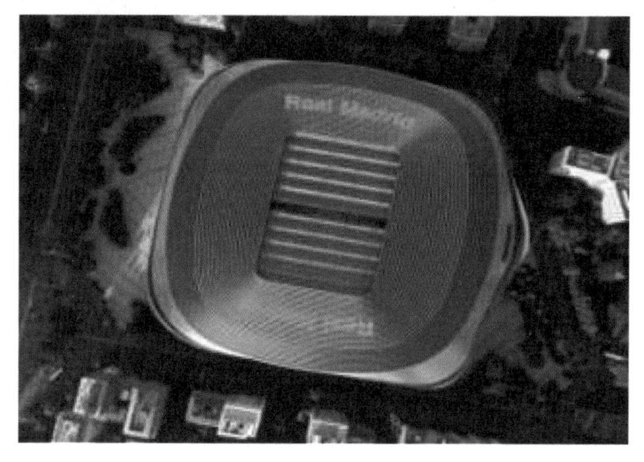

최첨단 산티아고 베르나베우 경기장

축구 전통의 맥을 이어온 베르나베우 경기장은 축구와 농구, 테니스, 럭비 등 다양한 스포츠와 더불어 대형전시, 콘서트 등 메가 이벤트를 실현하는 복합 기능의 아이코닉으로 자리매김하게 된다. 경기장 지하에는 저장 시스템을 건설하고 25m 이상의 지하 시설은 접이식으로 지하 6층에 잔디 구장을 위한 자외선 조명과 지하 관개 시스템이 설치됐다.

스페인에서 두 번째로 큰 베르나베우 경기장은 뉴 프로젝트를 통해 세계적으로 우수한 면모를 갖춘 경기장 변화의 혁신을 거듭한다. 베르나베우 경기장은 세계적인 수준을 자랑하고 축구 역사에 중요한 역할을 해왔다. 고전적인 경기장의 모습에서 미래의 가치를 한 층 더 높여 85,000명의 관중을 수용하여 특별하고 향상된 경험을 제공하게 된다.

복합적 스포츠 문화 공간으로 공사 중

베르나베우는 박물관, 쇼핑센터 및 레스토랑, 다국적 스토어 등이 있어 방문하는 사람들은 축구 경기 이외에도 복합적인 스포츠와 문화 공간을 누리게 된다. 영향력과 존재감 있는 스페인 축구의 상징적 공간인 아이코닉 건축 베르나베우 경기장은 레알 마드리드와 스페인 축구의 국가적 유산이 된다.

강력한 브랜드 파워

스페인의 수도 마드리드는 축구 명문 팀 레알 마드리드의 강력한 브랜드 파워를 자랑한다. 레알 마드리드는 선수들이 동경하는 자부심 그 자체이다. 홈구장 산티아고 베르나베우는 세계 축구의 중심인 스페인 마드리드에 입성하고 싶은 선수들의 동경과 꿈의 경기장이다. 관중들이 편리하게 관람할 수 있도록 시야가 확보된 관람석은 경기장 분위기를 더욱 고조시킨다. 명문 구단의 역사와 함께 베르나베우 경기장은 꿈의 아이콘으로 팀의 위상을 북돋으려고 최첨단 시설을 갖추었다. 다목적 시설을 겸비하고 좋은 환경의 개선은 경제적 수익을 창출하는 긍정적인 영향을 주며 혁신적인 상징 가치에 대한 수익 모델을 개발해 나가게 된다.

FIFA 본부의 공익적 가치 추구

세계에서 가장 사랑받는 스포츠 축구의 아이콘 FIFA 본부는 스위스 취리히에 있다. 20세기 초 국제축구연맹(FIFA)은 파리에서 설립됐다. 1930년 쥘 리메(Jules Rimet)는 축구의 국제적인 조직의 발판을 마련했다. FIFA 본부는 스포츠 중에서 가장 인기 있는 축구를 통해 국가 간에 우호적인 경쟁을 하도록 관리하는 본부의 비전을 구체화했다.

스위스 취리히 FIFA 본부 ©MCaviglia/Wikimedia

FIFA의 위대한 아이코닉 건축을 디자인한 건축가는 스위스 출신 틸라 테우스(Tilla Theus)이다. 2006년에 완공된 FIFA 본부 건물은 획기적으로 큰 건물은 아니다. 연 면적 37,400m², 지상 3층, 지하 5층의 규모이다. FIFA 본부 내부는 일상적인 업무를 지원하는 데 필요한 회의실, 행정실, 편의시설 등 다양한 기능적인 공간이 있다. 축구의 발전을 위해 전 세계적으로 홍보하고 관리 감독하는 직원 300여 명이 생산적이고 협력적인 업무 환경을 조성하고자 했다.

FIFA(Fédération Internationale de Football Association)의 가치와 사명을 반영하는 여러 상징적 요소가 포함된 현대적이고 혁신적인 디자인이 특징이다. FIFA 건축은 각 회원국 전부를 위한 공간을 의미하며 회원국에서 가져온 돌들로 주춧돌을 만들었다.

FIFA 본부 건축의 외관은 치장하지 않고 단순하고 절제된 디자인으로 기능과 효율을 우선시하였다. 국제조직인 FIFA는 전 세계적인 건축의 관심사인 환경친화적이고 에너지 효율적인 지속가능성 미학을 조합했다. 축구의 영향력이 세계적으로 큰 비중을 차지하고 있다. 이에 따라 국제기구로써 지속가능한 환경보호에 대한 녹색 이니셔티브를 구현했다.

FIFA 본부 전경

화합을 밝히는 희망의 빛 FIFA

틸라 테우스(Tilla Theus)와 그녀의 팀은 환경적 책임에 대한 FIFA의 약속에 따라 건물 전체에 지속가능한 재료를 사용했다. 강철은 건물의 구조에 사용되어 강도와 안정성을 제공하는 동시에 원형 설계 내에서 유연하고 열린 공간을 허용했다. 콘크리트는 건물의 기초와 핵심을 형성하여 안정성과 내구성을 제공했다. 유리는 투명하여 개방적인 분위기를 조성하고 자연채광을 극대화하며 에너지 효율성을 높였다.

FIFA 본부는 각 회원국 전부를 위한 공간을 의미하며 회원국에서 가져온 돌들로 주춧돌을 만들었다. 건물 외관 전체를 유리로 둘러 FIFA의 통합, 투명성, 지속가능성, 진보를 상징했다. 다양한 디자인과 재료를 구현하여 축구의 글로벌 관리 기구로서 FIFA의 가치와 세계 모든 사람을 연결하는 축구의 특성을 상징했다.

FIFA 본부는 세계의 국경과 문화, 이념을 초월하는 잠재적인 화합을 밝히는 희망의 빛이다. 꿈과 열정이 인간의 삶에 긍정적인 변화를 추구하고자 한다. 스포츠를 넘어 축구 또한 희망과 기쁨을 선물하고 화합을 이루어나간다. FIFA가 주최하는 메가 이벤트 월드컵 축구를 통해 공익적 가치를 추구하게 된다.

FIFA 본부 내부

epilogue
아이코닉 건축을 기리며

아이코닉 건축이 위용을 떨치고 있는 도시를 탐구하면서 세계가 정의하는 놀라운 건축물의 풍부한 장르를 펼쳐냈다. 각 장은 독특한 건축을 공개하여 상징적인 구조물을 창작하는 데 필요한 예술과 문화의 미적인 조화를 조명했다. 아이코닉 건축의 특별한 구조는 건축가의 창의성과 인류가 살아가는 사회의 반영을 모두 보여주며 건축적 경이로움이 도시, 문화 및 더 넓은 사회에 미치는 영향에 대해 생각했다.

초고층 빌딩은 인류 발전에 대한 끊임없는 추구를 상징한다. 하늘 높이 우뚝 솟은 존재감은 인간의 야망과 끊임없는 도시화의 전진을 입증했다. 수직으로 상승하기 위한 건축의 경이로움은 인간 불굴의 의지와 건축적 기술, 첨단과학의 발달과 연관한다. 세계 최고, 최대, 최초의 수식어가 수반되는 탁월한 초고층 아이코닉 건축은 도시의 독보적인 스카이라인을 재정의했다.

퍼블릭 빌딩 우리 지역사회의 심장 박동 역할을 한다. 사회가 추구하고자 하는 이상과 가치를 구현하고 예술, 교육 및 문화 교류를 위한 공간을 제공한다. 단 하나 유일한 형태로 존재감을 나타내며 시선을 끄는 아이코닉 건축은 도시의 이미지를 구축하고 정체성을 새롭게 정의했다. 도시 경제를 활성화하기 위한 공공성의 역할을 하며 관광자원을 끌어들여 상징적 상호작용 하는 매개체가 됐다.

기념비 건축은 우리에게 기억과 기념의 힘을 가르쳐 주었다. 역사를 수호하며 시대를 초월한 승리와 상실의 상징으로 남아 있다. 기념비는 우리에게 반성을 불러일으키고 과거와 연결해 준다. 인간이 경험하기 힘든 상흔의 흔적을 돌아보며 위로와 치유의 공간을 제공한다. 기념비적 아이코닉 건축은 인간 정신에 대한 지속적인 끈을 이어준다. 다시 꿈을 꾸고, 인내하고, 희망을 안내한다. 후 세대에게 학습과 교훈의 공간이 된다.

뮤지엄 건축은 창의성이 돋보이는 독특한 디자인 형태로 우리에게 호기심을 갖게 했다. 인간 표현의 저장소 역할을 하며 예술과 문화에 대한 깊은 감상을 키워준다. 인간이 창작한 표현이 전시된 건축 이야기를 통해 예술의 본질을 고양하고 세대 간 대화와 이해를 도왔다. 아이코닉 건축은 문화를 산업화하여 죽어가는 쇠퇴 도시를 다시 살려내어 활력이 넘치는 도시재생의 역할을 감당했다.

지속가능한 건축은 지구와 조화로운 공존을 향해 우리를 안심시켰다. 아이코닉 건축은 환경을 고려한 구조적 개선과 대비책을 마련하고 있으며 환경 문제에 대한 혁신적인 해결책을 보여주었다. 아름답고 생태학적으로 건전한 공간을 만들기 위해 디자인의 경계를 넓히면서 지구를 보호해야 하는 우리의 책임을 상기시켜 준다. 아이코닉 건축의 흐름은 지속가능한 경영으로 에너지 효율을 높이는 방법을 이미 적용하고 있음을 발견했다. 인간이 실천해야 할 사명에 대해 방향을 제시하고 있다.

메가 이벤트 건축에서 건축적 기량과 스펙터클의 융합을 목격했다. 이러한 대규모 무대에서는 다양한 배경을 가진 사람들이 함께 경험을 공유하는 글로벌 축하 행사가 열린다. 언어와 국경을 초월하여 많은 사람의 공감을 불러일으켜 기억에 남는 순간을 창조하는 건축의 무한한 잠재력을 보였다.

아이코닉 건축은 단지 이러한 구조의 미학에 관한 것만 아니다. 건축이 위치한 도시, 시대를 반영하는 문화, 그리고 건축가에게 영감을 주는 세계에 대해 더 깊이 헤아린다. 아이코닉 건축은 표현된 전통적 아치, 정면, 첨탑 뒤에 인간의 열망, 역사적 유산, 사회적 열망에 대한 복잡한 이야기가 담겨 있다.

우리는 건축이 단순히 건물을 짓는 것이 아니라는 사실을 발견했다. 그것은 우리의 세계를 형성하고, 우리의 정체성을 정의하고, 우리의 행동에 영향을 미치는 것이다. 이러한 상징적인 구조는 물리적 형태를 초월한다. 아이코닉 건축은 희망, 화합, 혁신의 상징이 된다.

"인상적인 건축물은 지역사회, 마을, 도시 전체에 영감을 주고 변화시킬 수 있다. 우리는 과거, 현재, 미래를 하나로 모을 책임이 있다."

- 비야르케 잉겔스 -

우리가 건설하는 도시, 우리가 만드는 구조물, 시대와 동반하는 문화를 통해 특별함을 추구하고 변화를 열망한다. 현대 아이코닉 건축은 창의성과 기술의 융합, 변화를 불러일으키는 디자인의 힘, 새로운 도전에 맞서는 인간 정신을 실현하는 표현의 결과물이다.

참고 문헌

■ 단행본

염호철, 조준배, 심경미 (2008). 건축·도시공간의 현대적 공공성에 관한 기초 연구. 안양 : 건축도시공간연구소.

강미정, 「퍼스의 기호학과 미술사」, ㈜이학사, 2011.

곽기영, 「소셜 네트워크분석」, 2nd ed., 서울: 도서출판 청람, 2017.

권영걸 외 40인, 「공간디자인의 언어」, 도서출판 날마다, 2011.

데이비드아커 · 요컴스탈러, 「브랜드리더쉽」, ㈜비지니스북스, 2013.

박영욱, 「필로 아키텍쳐」, 향연, 2009

박진호·박정란, 「현대건축의 단면과 장면」, 시공문화사, 2013.

박해천·박노영·윤원화, 「디자인 앤솔러지」, 시공사, 2008.

사이먼 안홀트, 「안홀트의 장소 브랜딩」, 한국외국어대학교 지식출판원, 2015.

송길영, 「여기에 당신의 욕망이 보인다」, 쌤앤파커스, 2012.

안드레스 R, 에드워즈. 오수길 역 「지속가능성 혁명」, 서울: 마루벌, 2022.

움베르토에코, 「일반기호학이론」, 주식회사 열린책들, 2013

에드워드 렐프, 「장소와 장소상실」, 논형, 2005.

에드워드 글레이져, 「도시의 승리」, 해냄출판사, 2011.

원제무, 「탈근대 도시재생」, 도서출판조경, 2012.

이수상, 「네트워크 분석 방법론」, 논형, 2017.

임동연, 「시뮬라크르」, 장소 그리고 건축, 세진사, 2016.

임기택, 「포스트모더니즘 건축이론」, 시공문화사, 2014.

장 노엘 캐퍼러, 「뉴패러다임 브랜드 매니지먼트」, 김앤김북스, 2009.

할 포스터, 「디자인과 범죄, 그리고 그에 덧붙인 혹평들」, 시지락, 2006.

할 포스터, 「콤플렉스」, 현실문화연구, 2014.

■ 연속간행물

김미진 (2008). 빛과 색을 이용한 공공공간의 상호작용성에 관한 연구. 한국공간디자인학회, 3(2), 163-171.

박진옥, 최익서 (2018). 공간의 가변적 유용성을 위한 적응성 환경디자인에 관한 연구. 한국공간디자인학회, 13(2), 145-160.

이경훈, 김우영 (2006). 미디어테크의 성격 변화에 관한 연구. 대한건축학회, 22(11), 187-194.

황미영 (2018). 공유문화의 장으로서의 도서관 공간의 설계요소 및 인프라체계 연구. 한국실내디자인학회, 27(2), 86-97.

■ 외국 단행본

Archinfo (2018). Finland, Mind-Building Exhibition at the Pavilion of Finland.

Dokk1 (2015). Space For Change. Aarhus Kommunes Biblioteker.

IFLA (2018). Library Design for the 21st Century. New York : De Gruyter Saur.

Jakob Laerkes, Director, Gladsaxe Libraries (2019). Space and Collections Earning their Keep-Building Libraries for tomorrow. New York : De Gruyter Saur.

Koontz,C. & Gubbin, B (2010). IFLA Public Library Service Guidelines. New York : De Gruyter Saur.

Lundhagem and Atelier Oslo Architects (2022). Deichman Bjorvika Oslo Public Library. Lars Müller Publishers.

Marie Østergård (2019). Library Design for the 21st Century.: Dokk1-Re-inventing Space Praxis: a Mash-up Library, a Democratic Space, a City Lounge or a Space for Diversity?. New York : De Gruyter Saur.

Vickery, Brian Campbell (1965). On Retrieval System Theory. District

of Columbia.
Tuula Haavisto (2019). Library Design for the 21st Century.: A Dream Come True of Citizens - the New Helsinki Central Library. New York : De Gruyter Saur.
Abel, C., 「Architecture & Identity」, Oxford: Architectural Press, 2002.
Baker, B. 「Destination Branding for Small Cities」, Portland: Creative Leap Books, 2007.
Blythe, J., 「Essentials of marketing」, 3rd ed, Harlow: Prentice Hall, 2005.
Elliott, R., & Percy, L., 「Strategic brand management」, New York: Oxford University Press, 2007.
Jencks, C. 「Iconic building」, London: Frances Lincoln Ltd, 2005.
Jones, P.· Evans, J., 「Urban regeneration in the UK」, Sage Publication, 2008.
Lynch, K., 「The image of the city」, Cambridge: The M.I.T. press, 1960.
Mozota, B. B., 「Design Management」, New York: All worth Press, 2003.
Norberg-Schulz. C., 「Intentions in Architecture」, Cambridge: The M.I.T. Press, 1965.
Smyth, H., 「Marketing the city」, London: E & FN SPON, 1994.
Thomson, I., 「Frank Lloyd Wright」, Kent: Grange books PLC, 1999.

■ 학위논문

김경태, 「도시문화공간의 장소마케팅 전략요소 평가」, 계명대학교 대학원 석사학위논문, 2012.
서정아, 「사회연결망 분석을 활용한 대구의 관광지 이미지 분석: 온라인 빅데이터를 중심으로」, 계명대학교 대학원 박사학위 논문, 2015.
안효선, 「빅데이터를 활용한 패션디자인 감성분석 연구」, 이화여자대학교 대학원 박사학위 논문, 2017.

이지혜, 「공공문화콘텐츠를 사용한 플레이스 브랜딩 전략연구」, 영남대학교 대학원 박사학위 논문, 2011.
조연주, 「플레이스 브랜딩 방법 적용에 의한 재생 유휴산업시설의 활성화 방안」, 한양대학교 대학원 박사학위 논문, 2015, pp. 34-114.
조현희, 「다크 투어리즘의 장소활용 사례분석을 통한 5·18사적지의 장소마케팅 전략」, 전남대학교 문화전문대학원, 2012.

■ 학회논문

공효순·송은지·강민식, 「소셜 빅 데이터를 이용한 여행사 평가에 관한 연구」, 한국정보통신학회, 제19권 제10호, 2017, pp.2241-2246.
구미향, 「가상현실 환경 구성치료」, 장애아동인권연구, 제7권 제2호, 2016,
김지연·조우용·최정혜·정예림, 「온라인상의 기업 및 소비자 텍스트 분석과 이를 활용한 온라인매출 증진 전략」, 한국경영과학회지, 제41권 제2호, 2016, pp.81-100.
김지현·김주연, 「동대문디자인플라자 & 파크 탐방요인이 방문객 만족도와 재방문 의도에 미치는 영향」, 기초조형학회, 제16권 제2호, 2015, pp. 99-112.
박성준·박치완, 「랜드마크로서 해체주의 건축물과 거주함」, 글로벌문화콘텐츠학회 학술대회, 2017, pp.97-100.
소수원·심은주, 「퍼어스의 기호학적 분석을 통한 건축공간의 아이코닉 디자인 방법에 관한 연구」, 한국 실내디자인학회 학술발표대회 논문집, 제8권 제2호, 2006, pp. 129-134.
서동연, 「건축기초형태 해석과정에서 나타나는 기호적 경험의 특성」, 한국디자인지식학회, 제32권, 2014, pp.331-341.
안명숙·민용기, 「5성급 호텔 이용에 대한 동기 빅데이터 분석」, 관광연구, 제31권 제5호, 2016, pp.87-104.
우경숙·서주환, 「텍스트마이닝과 인자분석에 의한 도시경관이미지 연구」, 한국조경학회지, 제45권 제4호, 2017, pp.104- 117.
윤주현·장동련, 「국가 발전단계와 국가브랜드 목적에 따른 국가브랜드 아이덴티티의 언어적·시각적 소통」, Archives of Design Research, 제29권 제1

호, 2015, pp.197-215.

윤홍근, 「문화산업에서 빅데이터의 활용방안에 관한 연구」, 글로벌문화콘텐츠, 제10권, 2013, pp.157-179.

이동준·원종운·권용장·김미례, 「소셜 네트워크 빅데이터 기반 택배업체 고객만족도에 관한연구」. 한국전자거래학회지, 제21권 제4호, 2016, pp.55-67.

이무용, 「장소마케팅 전략의 문화적 개념과 방법론에 관한 고찰」, 대한지리학회지. 제41권 제1호, 2006, pp.39-57.

이상훈, 「현대일본의 소규모 도시형 집합주택의 계획특성에 관한연구」, 대한건축학회, 제30권 제9호, 2014, pp.129-136.

이수인·송대호, 「서구 도시사회의 주요건축에 대한 랜드마크 의미변화 특성에 관한 연구」, 대한 건축학회 논문집, 제19권 제3호, 2016, pp.119-126.

이오준·박승보·정다울·유은순, 「소셜 빅데이터를 이용한 영화 흥행 요인 분석」, 한국콘텐츠학회 논문지, 제14권 제10호, 2014, pp.527-538.

이은석·임연수, 「페이스북을 활용한 국내 기업의 마케팅 커뮤니케이션에 대한 탐색적 연구 의미 연결망을 통한 메시지 구조 분석」, 한국광고홍보학보, 제14권 제3호, 2012, pp.124- 155.

이인수·임채진, 「도시 디자인 속성이 도시 이미지 메이킹 요인인 신뢰도에 미치는 영향에 관한 실증 연구」, 한국 문화 공간 건축학회논문집, 제39권, 2005, pp.77-86.

이인수·임채진, 「도시 디자인 속성이 도시 이미지 메이킹 요인에 미치는 영향에 관한 실증 연구」, 대한건축학회, 제28호 제11호, 2012, pp. 303-314.

이정원·강준경·최준성, 「자연어 처리기술을 활용한 프리츠커상 수상자 심사평분석」, 대한건축학회, 제17권 제4호, 2015, pp.111-119.

이재문·이정학·김민준, 「빅데이터 분석을 활용한 스키리조트 인식 연구」, 체육과학연구, 제28권 제1호, 2017, pp.104-116.

이재익·정은영·오연주, 「뉴미디어로서의 랜드마크 연구」, 디자인포럼, 제16권, 2007, pp.313- 322.

장동련·전미연·권승경, 「도시 브랜드 가치 제고를 위한 플레이스 브랜딩에 관한 연구」, 디자인학연구, 제23권 제4호, 2010, pp.351-366.

장상현, 「빅 데이터와 스마트교육」, 정보과학회지, 2012, pp.59-64.
제니퍼메이슨, 「질적 연구방법론」, 나남출판, 2004, p.70
조용수·김양곤, 「건축형태의 아이덴티티 표상체계에 관한연구」, 대한건축학회, 제2권 제4호, 2000, pp.9−16.
조희영·김정곤, 「빌바오 구겐하임 미술관을 통한 현대건축물의 아이콘화 요건 분석」, 대한건축학회 학술발표대회 논문집, 제27권 제1호, 2007, pp.343-346.
천장환·Zach Soflin, 「빅데이터 컴퓨테이션을 활용한 건축 디자인 프로세스에 관한 연구」, 디자인 융복합 연구, 제15권 제6호, 2016, pp.39−54.
최규혜·윤재은, 「부산 영화의 전당에 나타난 쿱 힘멜블라우 건축의 공간적 특성에 관한 연구」, 한국공간디자인학회, 제10권 제6호, 2015, pp.9-22.
홍근표·이경훈, 「현대기호학에 의한 건축 공간의 분석에 관한 연구」, 대한건축학회논문집, 제26

■ 학회논문

A, L. E., & Bech−larsen, T., 「Journal of Retailing and Consumer Services The brand architecture of grocery retailers : Setting material and symbolic boundaries for
consumer choice」, Journal of Retailing and Consumer Services, 16(5), 2009, pp.414-423.
Allen, G., 「Place Branding: New Tools for Economic Development」, Design Management Review, 18(2), 2007, pp.60-68.
Anholt, S., 「Definitions of place branding - Working towards a resolution」, Place Branding and Public Diplomacy, 6(1), 2010, pp.1-10.
Ashworth, G., & Kavaratzis, M., 「Beyond the logo: Brand management for cities」, Brand Management, 16(8), 2009, pp.520-531.
Boisen, M., Terlouw, K., & van Gorp, B., 「The selective nature of place branding and the layering of spatial identities」, Journal of Place

Management and Development, 4(2), 2011, pp.135-147.

Broda, C., 「Alternatives: An examination of a series of small structures against the criteria for defining iconic architecture」, City, 10(1), 2006, pp.101-106.

Caldwell, N., & Freire, J. R., 「The differences between branding a country, a region and a city : Applying the brand box model」, Brand Management, 12(1), 2004, pp.50-61.

Chernatony, de L., 「Brand management Through Narrowing the Gap Between Brand Identity and Brand Reputation」, Journal of Marketing Managegement, 1999, pp.157－179.

Equity, M. C. B., Lane, K., & Keller, K. L., 「Conceptualizing, Measuring, and Managing Customer－Based Brand Equity」, Journal of Marketing, 57(1), 1993, pp.1-22.

Hankinson, G., 「Destination brand images: a business tourism perspective」, Journal of Services Marketing, 19(1), 2005, pp.24-32.

Kaika, M., 「Architecture and crisis: Re－inventing the icon, re－imag(in)ing London and re－branding the City」, Transactions of the Institute of British Geographers, 35(4), 2010, pp.453-474.

Kaika, M., 「Autistic architecture: The fall of the icon and the rise of the serial object of architecture」, Environment and PlanningD: Society and Space, 29(6), 2011, pp.968- 992.

Kavaratzis, M., 「From city marketing to city branding: Towards a theoretical framework for developing city brands」, Place Branding, 1(1), 2004, pp.58-73.

Kavaratzis, M., & Hatch, M. J., 「The dynamics of place brands: An identity－based approach to place branding theory」, Marketing Theory, 13(1), 2013, pp.69-86.

Kim, Y., & Chung, K., 「Tracking major trends in design management studies」, Design Management Review, 18(3), 2007, pp.42−48.

Konecnik Ruzzier, M., & de Chernatony, L., 「Developing and applying a place brand identity model: The case of Slovenia」, Journal of Business Research, 66(1), 2013, pp.45- 52.

Mcneill, D., & Tewdwr−Jones, M., 「Architecture, Banal Nationalism and Re−territorialisation」, International Journal of Urban and Regional Research, 27(3), 2003, pp.738−743.

Lee, K., 「A Direction of Planning Public Design on the Harbour and Waterfront」, Architecture institute of Korea, 20(2), 2013, pp.55−64.

Medway, D., & Warnaby, G., 「Alternative perspectives on marketing and the place brand」, European Journal of Marketing, 42(5/6), 2008, pp.641-653.

Muratovski, G., 「The role of architecture and integrated design in city branding」, Place Branding and Public Diplomacy, 8(3), 2012, pp.195-207.

Nandan, S., 「An exploration of the brand identity−brand image linkage: A communications perspective」, Journal of Brand management, 12, 2005, pp.264−278.

Oliveira, E., 「Place branding as a strategic spatial planning instrument」, Journal of Place Management and Development, 9(1), 2016, pp.47

Park, W., Jaworski, B. J., & Maclnnis, D. J., 「Strategic brand concept − imagemanagement」, Journal of Marketing, 50, 1986, pp. 135−145.

Pilenska, V., 「City Branding as a Tool for Urban Regeneration: Towards a Theoretical Framework」, Architecture and Urban Planning, 6(December), 2012, pp.12−16.

San Eugenio, V., 「Place branding: a conceptual and theoretical framework」, Boletin de la Asociacion de Geografos Espanoles, 62, 2013. pp.467-471.

Skinner, H., 「The emergence and development of place marketing's confused identity」, Journal of Marketing Management, 24(9-10), 2008, pp.915-928.

Sklair, L., 「Iconic architecture and capitalist globalization」, City, 10(1), 2006, pp.21-47.

Sklair, L., 「Iconic Architecture and the Culture-ideology of Consumerism」, Theory, Culture & Society, 27(5), 2010, pp.135-159.

Sklair, L., & Gherardi, L., 「Iconic architecture as a hegemonic project of the transnational capitalist class」, City, 16(1-2), 2012, pp.57-73

저자 소개

양재희(Yang Jae Hee)

저자 양재희는 국민대학교 건축디자인학과 석사, 동 대학원 건축 디자인 박사학위를 취득했다. 박사학위 논문은 '아이코닉 건축의 사회적 인터페이스 특성 연구'이며, 현재는 국민대학교 디자인대학원 겸임교수로 재직 중이다.

저자는 아이코닉 건축에 대하여 초점을 맞추어 연구하고 있다. 더 나아가 사회, 문화, 예술 분야에 확장하여 지속가능한 미래 도시 환경과 관련하여 연구하고 있으며, 건축 디자인과 건축 컨설팅을 하고 있다. 또한 양재희 SACE 연구소 대표로서 성공하는 CEO를 대상으로 퍼스널 브랜딩을 해주고 있으며, 각종 교육 프로그램을 개발하여 전국으로 보급하고 있다. 그리고 한국 ESG 위원회 아동 인권 위원장으로서 교육 현장에 ESG 도입을 위한 각종 프로그램을 기획하여 보급하고 있다.

저서로는 「성공하는 자녀를 위한 부모 교육」, 「미래의 생존 전략 ESG」, 「성공하는 CEO의 이미지메이킹 전략」 등이 있다.

건축디자인 전문가 양재희박사가 알려주는

아이코닉 건축

초판1쇄 인쇄 - 2023년 12월 25일

초판1쇄 발행 - 2023년 12월 25일

지은이 - 양재희

펴낸이 - 이영섭

출판사 - 인피니티컨설팅

서울 용산구 한강로2가 용성비즈텔. 1702호

전화 02-794-0982

e-mail - bangkok3@naver.com

등록번호 - 제2022-000003호

※ 이 책은 환경보호를 위하여 재생 용지를 사용하였다.

※ 잘못된 책은 바꾸어 드립니다.

9791193126172

ISBN 979-11-93126-17-2(03540)

값 20,000